U0358877

天津市安装工程预算基价

第十一册　刷油、防腐蚀、绝热工程

DBD 29-311-2020

天津市住房和城乡建设委员会
天 津 市 建 筑 市 场 服 务 中 心　主编

中国计划出版社

目　录

第四章 防腐蚀涂料工程

第五章 玻璃钢衬里工程

第六章 橡胶板及塑料板衬里工程

第七章　衬铅及搪铅工程

第八章　喷 镀 工 程

第九章　耐酸砖、板衬里工程

附　录

册 说 明

一、本册基价包括除锈工程，刷油工程，绝热工程，防腐蚀涂料工程，玻璃钢衬里工程，橡胶板及塑料板衬里工程，衬铅及搪铅工程，喷镀工程，耐酸砖、板衬里工程9章，共1358条基价子目。

二、本册基价适用于《天津市安装工程预算基价》各册范围内的刷油、防腐蚀、绝热工程。

三、本册基价以国家和有关工业部门发布的现行产品标准、设计规范、施工及验收规范、技术操作规程、质量评定标准和安全操作规程为依据。

四、本册基价的工作内容除各章已说明的工序外，还包括工种间交叉配合的停歇时间，临时移动水、电源，配合质量检查和施工地点范围内的设备、材料、成品、半成品、工器具的运输等。

五、本册基价不包括使用机械翻转施工的增加费用，发生时可按施工方案另行计算。

六、一般钢结构(包括吊、支、托架，梯子、栏杆、平台)、管廊钢结构以“100kg”为单位。H形钢制钢结构和大于400mm的型钢以“$10m^2$”为单位，执行设备与矩形管道基价子目。

七、下列项目按系数分别计取：

1.脚手架措施费按分部分项工程费中人工费的4%计取，其中人工费占35%。

2.本册基价的操作高度是按距离楼地面6m考虑的。操作高度距离楼地面超过6m时，操作高度增加费按超过部分的人工费乘以系数0.30计取，全部为人工费。

3.安装与生产同时进行降效增加费按分部分项工程费中人工费的10%计取，全部为人工费。

4.在有害身体健康的环境中施工降效增加费按分部分项工程费中人工费的10%计取，全部为人工费。

第一章　除 锈 工 程

说　明

一、本章基价适用范围：金属表面的手工、半机械、机械除锈及化学除锈工程。

二、本章基价适用于金属表面的人工、半机械、机械除锈及化学除锈工程。

三、各种管件、阀件及设备上人孔、管口凹凸部分的除锈已综合考虑在本基价内，不得另行增加。

四、喷砂除锈按 Sa2.5 级标准确定。若变更级别标准，如 Sa3 级则人工、材料、机械乘以系数 1.10，按 Sa2 级或 Sa1 级则人工、材料、机械乘以系数 0.90。

五、手工、半机械除锈分为轻、中、重三种，区分标准为：

轻锈：部分氧化皮开始破裂脱落，红锈开始发生。

中锈：部分氧化皮破裂脱落，呈堆粉末，除锈后用肉眼能见到腐蚀小凹点。

重锈：大部分氧化皮脱落，呈片状锈层或凸起的锈斑，除锈后出现麻点或麻坑。

六、喷砂除锈标准：

Sa3 级：除净金属表面上的油脂、氧化皮、锈蚀产物等一切杂物，呈现均一的金属本色，并有一定的粗糙度。

Sa2.5 级：完全除去金属表面的油脂、氧化皮、锈蚀产物等一切杂物，可见的阴影条纹、斑痕等残留物不得超过单位面积的5%。

Sa2 级：除去金属表面上的油脂、锈皮、疏松氧化皮、浮锈等杂物，允许有附紧的氧化皮。

七、本章基价子目不包括除微锈（标准：氧化皮完全紧附，仅有少量锈点），发生时可执行轻锈子目，人工、材料、机械乘以系数 0.20。

八、因施工需要发生的二次除锈，其工程量另行计算。

九、管廊金属结构除锈按相应子目乘以系数 0.75。

工程量计算规则

一、除锈工程中设备、管道按面积计算。一般金属结构按质量计算。

二、除锈工程量算法：

1.设备筒体、管道表面积计算公式：

$$S=\pi\times D\times L$$

式中：π——圆周率；

D——设备或管道直径；

L——设备筒体高或按延长米计算的管道长度。

2.计算设备筒体、管道表面积时已包括各种管件、阀门、人孔、管口凹凸部分，不再另外计算。

一、手 工 除 锈

工作内容：除锈、除尘。

编号				11-1	11-2	11-3	11-4	11-5	11-6	11-7	11-8	11-9
项目				管道			设备D1000以外			金属结构		
				轻锈（$10m^2$）	中锈（$10m^2$）	重锈（$10m^2$）	轻锈（$10m^2$）	中锈（$10m^2$）	重锈（$10m^2$）	轻锈（100kg）	中锈（100kg）	重锈（100kg）
预算基价	总价（元）			**48.53**	**117.31**	**426.32**	**52.58**	**83.56**	**262.97**	**29.94**	**78.68**	**103.34**
	人工费（元）			44.55	109.35	410.40	48.60	75.60	247.05	27.00	72.90	91.80
	材料费（元）			3.98	7.96	15.92	3.98	7.96	15.92	2.94	5.78	11.54
组成内容		**单位**	**单价**	**数量**								
人工	综合工	工日	135.00	0.33	0.81	3.04	0.36	0.56	1.83	0.20	0.54	0.68
材料	钢丝刷	把	6.20	0.20	0.40	0.80	0.20	0.40	0.80	0.15	0.29	0.58
	铁砂布 0#～2#	张	1.15	1.50	3.00	6.00	1.50	3.00	6.00	1.09	2.18	4.35
	破布	kg	5.07	0.20	0.40	0.80	0.20	0.40	0.80	0.15	0.29	0.58

注：设备D在1000mm以内采用管道子目。

二、动力工具除锈

工作内容：除锈、除尘。　　　　**单位：**10m²

编号				11-10	11-11	11-12
项目				金属表面		
				轻锈	中锈	重锈
预算基价	总价(元)			**61.60**	**156.79**	**567.38**
	人工费(元)			59.40	145.80	545.40
	材料费(元)			2.20	10.99	21.98
组成内容		**单位**	**单价**	**数量**		
人工	综合工	工日	135.00	0.44	1.08	4.04
材料	电	kW•h	0.73	0.8	4.0	8.0
	钢丝刷	把	6.20	0.05	0.25	0.50
	砂轮片 *D*200	片	5.80	0.05	0.25	0.50
	破布	kg	5.07	0.2	1.0	2.0

三、喷 砂 除 锈

工作内容： 运砂、筛砂、烘砂、装砂、喷砂、砂子回收、现场清理及修理工机具。

编号				11-13	11-14	11-15	11-16	11-17	11-18	11-19
项目				喷石英砂						
				设备D1000以内		设备D1000以外		管道		金属结构（100kg）
				内壁（10m^2）	外壁（10m^2）	内壁（10m^2）	外壁（10m^2）	内壁（10m^2）	外壁（10m^2）	
预算基价	总价(元)			**685.08**	**461.52**	**566.32**	**408.93**	**658.60**	**498.44**	**450.66**
	人工费(元)			267.30	170.10	226.80	166.05	288.90	187.65	206.55
	材料费(元)			154.63	149.09	123.52	123.52	182.69	177.50	106.31
	机械费(元)			263.15	142.33	216.00	119.36	187.01	133.29	137.80
组成内容		单位	单价	数量						
人工	综合工	工日	135.00	1.98	1.26	1.68	1.23	2.14	1.39	1.53
材料	石英砂	kg	0.28	464.00	448.00	368.00	368.00	544.00	528.00	320.00
	煤	t	527.83	0.039	0.037	0.031	0.031	0.046	0.045	0.026
	木柴	kg	1.03	4.00	4.00	4.00	4.00	5.91	5.74	2.90
机械	喷砂除锈机 3m^3/min	台班	34.55	0.46	0.31	0.37	0.26	0.42	0.30	0.31
	鼓风机 18m^3	台班	41.24	0.39	0.37	0.31	0.31	0.36	0.25	0.26
	轴流风机 30kW	台班	139.30	0.42	—	0.37	—	—	—	—
	电动空气压缩机 10m^3	台班	375.37	0.46	0.31	0.37	0.26	0.42	0.30	0.31

注：金属结构以重量计算。

工作内容：运砂、筛砂、烘砂、装砂、喷砂、砂子回收、现场清理及修理工机具。

编号				11-20	11-21	11-22	11-23	11-24	11-25	11-26
项目				喷河砂						
				设备D1000以内		设备D1000以外		管道		金属结构（100kg）
				内壁（10m²）	外壁（10m²）	内壁（10m²）	外壁（10m²）	内壁（10m²）	外壁（10m²）	
预算基价	总价(元)			**858.77**	**530.75**	**802.66**	**523.86**	**844.97**	**603.77**	**584.79**
	人工费(元)			382.05	243.00	324.00	237.60	413.10	268.65	295.65
	材料费(元)			126.16	117.93	128.10	98.83	138.23	132.90	93.52
	机械费(元)			350.56	169.82	350.56	187.43	293.64	202.22	195.62
组成内容		**单位**	**单价**	**数量**						
人工	综合工	工日	135.00	2.83	1.80	2.40	1.76	3.06	1.99	2.19
材料	砂子	t	87.03	1.001	0.972	1.101	0.801	1.187	1.144	0.801
	煤	t	527.83	0.055	0.052	0.050	0.044	0.055	0.052	0.037
	木柴	kg	1.03	9.72	5.72	5.72	5.72	5.72	5.72	4.15
机械	喷砂除锈机 3m³/min	台班	34.55	0.60	0.37	0.60	0.42	0.66	0.44	0.44
	鼓风机 18m³	台班	41.24	0.51	0.44	0.51	0.37	0.56	0.53	0.37
	轴流风机 30kW	台班	139.30	0.60	—	0.60	—	—	—	—
	电动空气压缩机 10m³	台班	375.37	0.60	0.37	0.60	0.42	0.66	0.44	0.44

工作内容：运砂、筛砂、烘砂、装砂、喷砂、砂子回收、现场清理及修理工机具。

编号				11-27	11-28	11-29	11-30	11-31	11-32	11-33	11-34
项目				气柜							
				喷石英砂				喷河砂			
				水槽壁板（$10m^2$）	水槽底板（$10m^2$）	中罩板（$10m^2$）	金属结构（100kg）	水槽壁板（$10m^2$）	水槽底板（$10m^2$）	中罩板（$10m^2$）	金属结构（100kg）
预算基价	总价（元）			**727.84**	**806.86**	**609.51**	**580.92**	**863.30**	**1086.58**	**753.33**	**960.53**
	人工费（元）			170.10	378.00	170.10	206.55	243.00	540.00	243.00	295.65
	材料费（元）			288.17	132.16	132.16	110.77	277.31	121.30	121.30	316.79
	机械费（元）			269.57	296.70	307.25	263.60	342.99	425.28	389.03	348.09
组成内容		**单位**	**单价**	**数量**							
人工	综合工	工日	135.00	1.26	2.80	1.26	1.53	1.80	4.00	1.80	2.19
材料	石英砂	kg	0.28	368.00	368.00	368.00	320.00	—	—	—	—
	道木 250×200×2500	根	452.90	0.31	—	—	—	0.31	—	—	—
	热轧角钢 ＞63	t	3649.53	0.0036	—	—	—	0.0036	—	—	—
	煤	t	527.83	0.044	0.044	0.044	0.032	0.063	0.063	0.063	0.460
	木柴	kg	1.03	5.72	5.72	5.72	4.15	5.72	5.72	5.72	4.15
	氧气	m^3	2.88	0.16	—	—	—	0.16	—	—	—
	乙炔气	kg	14.66	0.070	—	—	—	0.070	—	—	—
	电焊条 E4303 $D3.2$	kg	7.59	0.13	—	—	—	0.13	—	—	—
	砂子	t	87.03	—	—	—	—	0.944	0.944	0.944	0.801
机械	汽车式起重机 16t	台班	971.12	0.10	—	0.12	0.07	0.10	—	0.12	0.07
	喷砂除锈机 $3m^3/min$	台班	34.55	0.37	0.53	0.37	0.44	0.53	0.76	0.53	0.63
	鼓风机 $18m^3$	台班	41.24	0.44	0.44	0.44	0.37	0.63	0.63	0.63	0.53
	电动空气压缩机 $10m^3$	台班	375.37	0.37	0.53	0.37	0.44	0.53	0.76	0.53	0.63
	交流弧焊机 32kV·A	台班	87.97	0.03	—	—	—	0.03	—	—	—
	轴流风机 30kW	台班	139.30	—	0.44	0.15	—	—	0.63	0.21	—

注：石英砂包括砂子回收，河砂不包括砂子回收。

工作内容：运砂、筛砂、烘砂、装砂、喷砂、砂子回收、现场清理及修理工机具。 **单位：**$10m^2$

编号				11-35	11-36	11-37	11-38
项目				喷石英砂			
				带钉钩的金属表面	带龟甲网设备内表面	单片龟甲网	端板及零星板
预算基价	总价(元)			**914.16**	**1243.71**	**1011.85**	**1776.15**
	人工费(元)			399.60	594.00	492.75	355.05
	材料费(元)			211.81	225.86	216.35	573.40
	机械费(元)			302.75	423.85	302.75	847.70
组成内容		**单位**	**单价**	**数量**			
人工	综合工	工日	135.00	2.96	4.40	3.65	2.63
材料	石英砂	kg	0.28	640.00	688.00	656.00	1920.00
	煤	t	527.83	0.050	0.051	0.051	0.050
	木柴	kg	1.03	5.5	5.5	5.0	8.0
	零星材料费	元	—	0.55	0.64	0.60	1.17
机械	喷砂除锈机 $3m^3/min$	台班	34.55	0.50	0.70	0.50	1.40
	轴流风机 30kW	台班	139.30	0.50	0.70	0.50	1.40
	电动空气压缩机 $10m^3$	台班	375.37	0.50	0.70	0.50	1.40
	鼓风机 $18m^3$	台班	41.24	0.50	0.70	0.50	1.40
	空气过滤器	台班	15.04	0.50	0.70	0.50	1.40

四、抛丸除锈

工作内容：运砂、筛砂、烘砂、装砂、喷砂、砂子回收、现场清理及修理工机具。

编号				11-39	11-40	11-41	11-42	11-43	11-44
项目				大型钢板		管道	大型型钢钢结构	一般钢结构	管廊钢结构
				单面除锈（10m²）	双面除锈（10m²）	（10m²）	（10m²）	（100kg）	（100kg）
预算基价	总价(元)			**135.05**	**82.95**	**115.40**	**115.99**	**75.01**	**48.86**
	人工费(元)			62.10	41.85	51.30	54.00	45.90	21.60
	材料费(元)			8.78	8.78	8.86	7.88	5.71	3.74
	机械费(元)			64.17	32.32	55.24	54.11	23.40	23.52
组成内容		**单位**	**单价**	**数量**					
人工	综合工	工日	135.00	0.46	0.31	0.38	0.40	0.34	0.16
材料	钢制磨料	kg	3.98	2.206	2.206	2.227	1.980	1.435	0.940
机械	汽车式起重机 16t	台班	971.12	0.014	0.007	0.016	0.016	—	0.007
	门式起重机 10t	台班	465.57	0.041	0.021	0.045	0.049	0.014	0.019
	抛丸除锈机 500mm	台班	375.12	—	—	0.050	0.042	0.045	0.021
	抛丸除锈机 1000mm	台班	655.96	0.048	0.024	—	—	—	—

五、化学除锈

工作内容：配液、酸洗、中和、吹干、检查。

单位：$10m^2$

编号				11-45	11-46
项目				金属表面	
				一般	特殊
预算基价	总价(元)			**43.63**	**71.91**
	人工费(元)			36.45	45.90
	材料费(元)			6.57	23.11
	机械费(元)			0.61	2.90
组成内容		**单位**	**单价**	**数量**	
人工	综合工	工日	135.00	0.27	0.34
材料	水	m^3	7.62	0.10	0.17
	硫酸 38%	kg	2.94	0.78	0.78
	烧碱	kg	8.63	0.36	0.36
	尼龙网	m^2	14.91	—	0.12
	耐油胶管 5×5帆布	m	20.75	—	0.43
	亚硝酸钠	kg	3.99	—	0.74
	零星材料费	元	—	0.41	2.75
机械	交流弧焊机 21kV·A	台班	60.37	0.01	0.01
	电动空气压缩机 $6m^3$	台班	217.48	—	0.01
	综合机械	元	—	0.01	0.12

第二章　刷 油 工 程

说　明

一、本章基价适用范围：金属表面、管道、设备、通风管道、结构件与玻璃布面、石棉布面、玛琋脂面、抹灰面等刷（喷）油漆工程。

二、金属表面刷油不包括除锈。

三、各种管件、阀件和设备上人孔、管口凹凸部分的刷油已综合考虑在本基价内，不得另行增加。

四、本章基价子目按安装地点就地刷（喷）油漆考虑，如安装前集中刷油，人工工日乘以系数0.70（暖气片除外）。

五、本章基价子目的主材与稀干料可换用，但人工与材料消耗量不变。

六、标志色环等零星刷油，执行本章相应子目，其人工工日乘以系数2.00。

七、管廊金属结构刷油按相应子目乘以系数0.75。

工程量计算规则

一、刷油工程中设备、管道按面积计算。一般金属结构按质量计算。

二、刷油工程量算法：

1.设备筒体、管道表面积计算公式：

$$S=\pi\times D\times L$$

式中：π ——圆周率；

D——设备或管道直径；

L ——设备筒体高或按延长米计算的管道长度。

2.计算设备筒体、管道表面积时已包括各种管件、阀门、人孔、管口凹凸部分，不再另外计算。

一、管道刷油

工作内容：调配、涂刷。　　　　**单位：**$10m^2$

编号				11-47	11-48	11-49	11-50	11-51	11-52	11-53	11-54	11-55
项目				红丹防锈漆		防锈漆		带锈底漆	银粉漆		厚漆	
				第一遍	第二遍	第一遍	第二遍	一遍	第一遍	第二遍	第一遍	第二遍
预算基价	总价(元)			**62.37**	**59.86**	**65.73**	**62.18**	**56.64**	**53.79**	**51.45**	**59.25**	**55.97**
	人工费(元)			40.50	40.50	40.50	40.50	40.50	41.85	40.50	41.85	40.50
	材料费(元)			21.87	19.36	25.23	21.68	16.14	11.94	10.95	17.40	15.47
组成内容		单位	单价	数量								
人工	综合工	工日	135.00	0.30	0.30	0.30	0.30	0.30	0.31	0.30	0.31	0.30
材料	防锈漆 C53-1	kg	13.20	1.47	1.30	—	—	—	—	—	—	—
	带锈底漆	kg	18.57	—	—	—	—	0.74	—	—	—	—
	酚醛清漆 F01-1	kg	14.12	—	—	—	—	—	0.36	0.33	—	—
	酚醛防锈漆	kg	17.27	—	—	1.31	1.12	—	—	—	—	—
	汽油 60#～70#	kg	6.67	0.37	0.33	0.39	0.35	0.36	0.72	0.67	0.31	0.25
	银粉	kg	22.81	—	—	—	—	—	0.09	0.08	—	—
	铅油	kg	11.17	—	—	—	—	—	—	—	0.82	0.75
	清油	kg	15.06	—	—	—	—	—	—	—	0.41	0.36

工作内容：调配、涂刷。　　　　**单位：**$10m^2$

编号				11-56	11-57	11-58	11-59	11-60	11-61	11-62	11-63
项目				管道刷油							
				调和漆		磁漆		耐酸漆		沥青漆	
				第一遍	第二遍	第一遍	第二遍	第一遍	第二遍	第一遍	第二遍
预算基价	总价(元)			**53.79**	**51.09**	**61.18**	**58.26**	**55.91**	**52.96**	**78.30**	**71.89**
	人工费(元)			41.85	40.50	41.85	40.50	41.85	40.50	41.85	40.50
	材料费(元)			11.94	10.59	19.33	17.76	14.06	12.46	36.45	31.39
组成内容		**单位**	**单价**	**数量**							
人工	综合工	工日	135.00	0.31	0.30	0.31	0.30	0.31	0.30	0.31	0.30
材料	酚醛调和漆	kg	10.67	1.05	0.93	—	—	—	—	—	—
	酚醛磁漆	kg	14.23	—	—	0.98	0.93	—	—	—	—
	酚醛耐酸漆	kg	17.52	—	—	—	—	0.73	0.65	—	—
	煤焦沥青漆 L01-17	kg	11.34	—	—	—	—	—	—	2.88	2.47
	汽油 60#～70#	kg	6.67	0.11	0.10	0.31	0.25	0.19	0.16	—	—
	清油	kg	15.06	—	—	0.22	0.19	—	—	—	—
	动力苯	kg	8.25	—	—	—	—	—	—	0.46	0.41

工作内容：调配、涂刷。 **单位：**10m²

编号				11-64	11-65	11-66	11-67	11-68	11-69	11-70	11-71
项目				沥青船底漆		环氧富锌漆		热沥青		醇酸磁漆	
				第一遍	第二遍	第一遍	第二遍	第一遍	第二遍	第一遍	第二遍
预算基价	总价(元)			**58.55**	**56.62**	**132.47**	**127.63**	**248.55**	**115.28**	**65.23**	**61.99**
	人工费(元)			41.85	40.50	54.00	54.00	133.65	63.45	41.85	40.50
	材料费(元)			16.70	16.12	78.47	73.63	114.90	51.83	23.38	21.49
组成内容		**单位**	**单价**	**数量**							
人工	综合工	工日	135.00	0.31	0.30	0.40	0.40	0.99	0.47	0.31	0.30
材料	沥青船底漆	kg	11.68	1.43	1.38	—	—	—	—	—	—
	环氧富锌漆	kg	28.43	—	—	2.76	2.59	—	—	—	—
	醇酸磁漆	kg	17.34	—	—	—	—	—	—	1.20	1.12
	醇酸漆稀释剂 X6	kg	8.29	—	—	—	—	—	—	0.31	0.25
	石油沥青 10#	kg	4.04	—	—	—	—	25.75	11.59	—	—
	滑石粉	kg	0.59	—	—	—	—	11.33	5.10	—	—
	煤	t	527.83	—	—	—	—	0.004	0.002	—	—
	木柴	kg	1.03	—	—	—	—	1.00	0.45	—	—
	零星材料费	元	—	—	—	—	—	1.04	0.48	—	—

工作内容：调配、涂刷。 **单位：**$10m^2$

编号				11-72	11-73	11-74	11-75	11-76	11-77
项目				醇酸清漆		有机硅耐热漆		冷底子	
				第一遍	第二遍	第一遍	第二遍	第一遍	第二遍
预算基价	总价(元)			**56.88**	**53.84**	**109.59**	**106.87**	**79.55**	**72.38**
	人工费(元)			41.85	40.50	54.00	54.00	41.85	40.50
	材料费(元)			15.03	13.34	55.59	52.87	37.70	31.88
组成内容		**单位**	**单价**	**数量**					
人工	综合工	工日	135.00	0.31	0.30	0.40	0.40	0.31	0.30
材料	醇酸漆稀释剂 X6	kg	8.29	0.11	0.10	—	—	—	—
	醇酸清漆 C01-1	kg	13.45	1.05	0.93	—	—	—	—
	有机硅漆稀释剂 X13	kg	14.06	—	—	0.14	0.13	—	—
	有机硅耐热漆 W61-25	kg	58.71	—	—	0.89	0.85	—	—
	银粉	kg	22.81	—	—	0.06	0.05	—	—
	石油沥青 10#	kg	4.04	—	—	—	—	1.11	1.38
	木柴	kg	1.03	—	—	—	—	11.54	14.35
	动力苯	kg	8.25	—	—	—	—	2.58	1.39
	零星材料费	元	—	—	—	—	—	0.04	0.06

二、设备与矩形管道刷油

工作内容： 调配、涂刷。　　　　**单位：** 10m²

编号				11-78	11-79	11-80	11-81	11-82	11-83	11-84	11-85	11-86
项目				红丹防锈漆		防锈漆		带锈底漆	银粉漆		厚漆	
				第一遍	第二遍	第一遍	第二遍	一遍	第一遍	第二遍	第一遍	第二遍
预算基价	总价(元)			**58.19**	**56.90**	**61.64**	**59.50**	**52.41**	**48.75**	**46.75**	**54.24**	**51.87**
	人工费(元)			36.45	37.80	36.45	37.80	36.45	37.80	36.45	37.80	36.45
	材料费(元)			21.74	19.10	25.19	21.70	15.96	10.95	10.30	16.44	15.42
组成内容		**单位**	**单价**	**数量**								
人工	综合工	工日	135.00	0.27	0.28	0.27	0.28	0.27	0.28	0.27	0.28	0.27
材料	防锈漆 C53-1	kg	13.20	1.46	1.28	—	—	—	—	—	—	—
	带锈底漆	kg	18.57	—	—	—	—	0.73	—	—	—	—
	酚醛清漆 F01-1	kg	14.12	—	—	—	—	—	0.33	0.30	—	—
	酚醛防锈漆	kg	17.27	—	—	1.30	1.11	—	—	—	—	—
	汽油 $60^{\#}$～$70^{\#}$	kg	6.67	0.37	0.33	0.41	0.38	0.36	0.67	0.67	0.30	0.26
	银粉	kg	22.81	—	—	—	—	—	0.08	0.07	—	—
	铅油	kg	11.17	—	—	—	—	—	—	—	0.78	0.78
	清油	kg	15.06	—	—	—	—	—	—	—	0.38	0.33

工作内容：调配、涂刷。　　　　**单位：**$10m^2$

编号				11-87	11-88	11-89	11-90	11-91	11-92	11-93	11-94
项目				调和漆		磁漆		烟囱漆		耐酸漆	
				第一遍	第二遍	第一遍	第二遍	第一遍	第二遍	第一遍	第二遍
预算基价	总价(元)			**49.63**	**46.93**	**57.19**	**53.54**	**48.60**	**46.05**	**51.62**	**48.73**
	人工费(元)			37.80	36.45	37.80	36.45	37.80	36.45	37.80	36.45
	材料费(元)			11.83	10.48	19.39	17.09	10.80	9.60	13.82	12.28
组成内容		**单位**	**单价**	**数量**							
人工	综合工	工日	135.00	0.28	0.27	0.28	0.27	0.28	0.27	0.28	0.27
材料	酚醛调和漆	kg	10.67	1.04	0.92	—	—	—	—	—	—
	酚醛磁漆	kg	14.23	—	—	0.92	0.87	—	—	—	—
	酚醛耐酸漆	kg	17.52	—	—	—	—	—	—	0.72	0.64
	酚醛烟囱漆	kg	13.33	—	—	—	—	0.72	0.64	—	—
	汽油 60#～70#	kg	6.67	0.11	0.10	0.29	0.21	0.18	0.16	0.18	0.16
	清油	kg	15.06	—	—	0.29	0.22	—	—	—	—

工作内容：调配、涂刷。

单位：10m²

编号				11-95	11-96	11-97	11-98	11-99	11-100	11-101	11-102
项目				沥青漆		沥青船底漆		环氧富锌漆		醇酸磁漆	
				第一遍	第二遍	第一遍	第二遍	第一遍	第二遍	第一遍	第二遍
预算基价	总价(元)			**72.21**	**65.46**	**52.98**	**51.05**	**119.68**	**114.06**	**60.52**	**59.10**
	人工费(元)			37.80	36.45	37.80	36.45	48.60	47.25	37.80	37.80
	材料费(元)			34.41	29.01	15.18	14.60	71.08	66.81	22.72	21.30
组成内容		**单位**	**单价**	**数量**							
人工	综合工	工日	135.00	0.28	0.27	0.28	0.27	0.36	0.35	0.28	0.28
材料	环氧富锌漆	kg	28.43	—	—	—	—	2.50	2.35	—	—
	煤焦沥青漆 L01-17	kg	11.34	2.70	2.26	—	—	—	—	—	—
	醇酸磁漆	kg	17.34	—	—	—	—	—	—	1.21	1.09
	醇酸漆稀释剂 X6	kg	8.29	—	—	—	—	—	—	0.21	0.29
	沥青船底漆	kg	11.68	—	—	1.30	1.25	—	—	—	—
	动力苯	kg	8.25	0.46	0.41	—	—	—	—	—	—

工作内容：调配、涂刷。 **单位**：$10m^2$

编号				11-103	11-104	11-105	11-106	11-107	11-108
项目				醇酸清漆		有机硅耐热漆		冷底子	
				第一遍	第二遍	第一遍	第二遍	第一遍	第二遍
预算基价	总价(元)			**52.70**	**49.65**	**104.19**	**100.12**	**71.72**	**65.05**
	人工费(元)			37.80	36.45	48.60	47.25	37.80	36.45
	材料费(元)			14.90	13.20	55.59	52.87	33.92	28.60
组成内容		**单位**	**单价**	**数量**					
人工	综合工	工日	135.00	0.28	0.27	0.36	0.35	0.28	0.27
材料	醇酸漆稀释剂 X6	kg	8.29	0.11	0.10	—	—	—	—
	醇酸清漆 C01-1	kg	13.45	1.04	0.92	—	—	—	—
	有机硅漆稀释剂 X13	kg	14.06	—	—	0.14	0.13	—	—
	有机硅耐热漆 W61-25	kg	58.71	—	—	0.89	0.85	—	—
	银粉	kg	22.81	—	—	0.06	0.05	—	—
	石油沥青 10#	kg	4.04	—	—	—	—	1.00	1.24
	动力苯	kg	8.25	—	—	—	—	2.32	1.24
	木柴	kg	1.03	—	—	—	—	10.39	12.92
	零星材料费	元	—	—	—	—	—	0.04	0.05

三、金属结构刷油

工作内容：调配、涂刷。 **单位：**100kg

编号				11-109	11-110	11-111	11-112	11-113	11-114	11-115	11-116	11-117
项目				红丹防锈漆		防锈漆		带锈底漆	银粉漆		厚漆	
				第一遍	第二遍	第一遍	第二遍	一遍	第一遍	第二遍	第一遍	第二遍
预算基价	总价(元)			**40.02**	**35.01**	**40.32**	**35.76**	**35.95**	**30.95**	**30.18**	**35.61**	**34.45**
	人工费(元)			27.00	24.30	27.00	24.30	27.00	24.30	24.30	24.30	24.30
	材料费(元)			13.02	10.71	13.32	11.46	8.95	6.65	5.88	11.31	10.15
组成内容		**单位**	**单价**	**数量**								
人工	综合工	工日	135.00	0.20	0.18	0.20	0.18	0.20	0.18	0.18	0.18	0.18
材料	防锈漆 C53-1	kg	13.20	0.87	0.71	—	—	—	—	—	—	—
	带锈底漆	kg	18.57	—	—	—	—	0.41	—	—	—	—
	酚醛清漆 F01-1	kg	14.12	—	—	—	—	—	0.19	0.17	—	—
	酚醛防锈漆	kg	17.27	—	—	0.69	0.59	—	—	—	—	—
	汽油 60$^{\#}$～70$^{\#}$	kg	6.67	0.23	0.20	0.21	0.19	0.20	0.39	0.35	0.44	0.40
	银粉	kg	22.81	—	—	—	—	—	0.06	0.05	—	—
	铅油	kg	11.17	—	—	—	—	—	—	—	0.44	0.40
	清油	kg	15.06	—	—	—	—	—	—	—	0.23	0.20

工作内容：调配、涂刷。

单位：100kg

编号			11-118	11-119	11-120	11-121	11-122	11-123	11-124	11-125	11-126	11-127
项目			调和漆		磁漆		耐酸漆		沥青漆		环氧富锌漆	
			第一遍	第二遍	第一遍	第二遍	第一遍	第二遍	第一遍	第二遍	第一遍	第二遍
预算基价	总价(元)		**31.17**	**30.36**	**35.93**	**34.15**	**32.33**	**34.71**	**43.49**	**40.74**	**93.67**	**90.25**
	人工费(元)		24.30	24.30	24.30	24.30	24.30	24.30	24.30	24.30	35.10	35.10
	材料费(元)		6.87	6.06	11.63	9.85	8.03	10.41	19.19	16.44	58.57	55.15
组成内容	**单位**	**单价**	**数量**									
人工 综合工	工日	135.00	0.18	0.18	0.18	0.18	0.18	0.18	0.18	0.18	0.26	0.26
材料 酚醛调和漆	kg	10.67	0.60	0.53	—	—	—	—	—	—	—	—
酚醛磁漆	kg	14.23	—	—	0.54	0.51	—	—	—	—	—	—
酚醛耐酸漆	kg	17.52	—	—	—	—	0.42	0.56	—	—	—	—
环氧富锌漆	kg	28.43	—	—	—	—	—	—	—	—	2.06	1.94
煤焦沥青漆 L01-17	kg	11.34	—	—	—	—	—	—	1.51	1.29	—	—
汽油 60#～70#	kg	6.67	0.07	0.06	0.14	0.14	0.10	0.09	—	—	—	—
清油	kg	15.06	—	—	0.20	0.11	—	—	—	—	—	—
动力苯	kg	8.25	—	—	—	—	—	—	0.25	0.22	—	—

工作内容：调配、涂刷。

单位：100kg

编号				11-128	11-129	11-130	11-131	11-132	11-133	11-134	11-135
项目				醇酸磁漆		醇酸清漆		有机硅耐热漆		冷底子	
				第一遍	第二遍	第一遍	第二遍	第一遍	第二遍	第一遍	第二遍
预算基价	总价(元)			**37.50**	**36.38**	**32.73**	**31.93**	**70.01**	**66.49**	**46.91**	**42.23**
	人工费(元)			24.30	24.30	24.30	24.30	35.10	35.10	25.65	24.30
	材料费(元)			13.20	12.08	8.43	7.63	34.91	31.39	21.26	17.93
组成内容		**单位**	**单价**	**数量**							
人工	综合工	工日	135.00	0.18	0.18	0.18	0.18	0.26	0.26	0.19	0.18
材料	醇酸磁漆	kg	17.34	0.68	0.63	—	—	—	—	—	—
	醇酸清漆 C01-1	kg	13.45	—	—	0.59	0.53	—	—	—	—
	醇酸漆稀释剂 X6	kg	8.29	0.17	0.14	0.06	0.06	—	—	—	—
	有机硅耐热漆 W61-25	kg	58.71	—	—	—	—	0.56	0.50	—	—
	有机硅漆稀释剂 X13	kg	14.06	—	—	—	—	0.08	0.08	—	—
	银粉	kg	22.81	—	—	—	—	0.04	0.04	—	—
	石油沥青 10#	kg	4.04	—	—	—	—	—	—	0.62	0.78
	动力苯	kg	8.25	—	—	—	—	—	—	1.46	0.78
	木柴	kg	1.03	—	—	—	—	—	—	6.50	8.07
	零星材料费	元	—	—	—	—	—	—	—	0.02	0.03

四、铸铁管、暖气片刷油

工作内容：调配、涂刷。

单位：10m²

编号				11-136	11-137	11-138	11-139	11-140	11-141	11-142	11-143	11-144	11-145
项目				防锈漆	带锈底漆	银粉漆		沥青漆		环氧富锌漆		热沥青	
				一遍		第一遍	第二遍	第一遍	第二遍	第一遍	第二遍	第一遍	第二遍
预算基价	总价(元)			**69.47**	**68.62**	**64.36**	**61.48**	**87.75**	**84.04**	**151.44**	**143.62**	**286.22**	**131.98**
	人工费(元)			48.60	48.60	49.95	48.60	51.30	52.65	66.15	63.45	160.65	75.60
	材料费(元)			20.87	20.02	14.41	12.88	36.45	31.39	85.29	80.17	125.57	56.38
组成内容		单位	单价	数量									
人工	综合工	工日	135.00	0.36	0.36	0.37	0.36	0.38	0.39	0.49	0.47	1.19	0.56
材料	酚醛清漆 F01-1	kg	14.12	—	—	0.45	0.41	—	—	—	—	—	—
	酚醛防锈漆	kg	17.27	1.05	—	—	—	—	—	—	—	—	—
	煤焦沥青漆 L01-17	kg	11.34	—	—	—	—	2.88	2.47	—	—	—	—
	环氧富锌漆	kg	28.43	—	—	—	—	—	—	3.00	2.82	—	—
	带锈底漆	kg	18.57	—	0.92	—	—	—	—	—	—	—	—
	石油沥青 10#	kg	4.04	—	—	—	—	—	—	—	—	28.07	12.63
	汽油 60#～70#	kg	6.67	0.41	0.44	0.90	0.79	—	—	—	—	—	—
	银粉	kg	22.81	—	—	0.09	0.08	—	—	—	—	—	—
	动力苯	kg	8.25	—	—	—	—	0.46	0.41	—	—	—	—
	滑石粉	kg	0.59	—	—	—	—	—	—	—	—	12.35	5.56
	煤	t	527.83	—	—	—	—	—	—	—	—	0.005	0.002
	木柴	kg	1.03	—	—	—	—	—	—	—	—	1.09	0.49
	零星材料费	元	—	—	—	—	—	—	—	—	—	1.12	0.51

五、灰面刷油

工作内容： 调配、涂刷。

单位： 10m²

编号				11-146	11-147	11-148	11-149	11-150	11-151	11-152	11-153
项目				设备							
				厚漆		调和漆		煤焦油		沥青漆	
				第一遍	第二遍	第一遍	第二遍	第一遍	第二遍	第一遍	第二遍
预算基价	总价(元)			**109.01**	**88.97**	**103.20**	**84.41**	**94.85**	**78.41**	**128.04**	**103.50**
	人工费(元)			87.75	72.90	87.75	72.90	87.75	72.90	82.35	71.55
	材料费(元)			21.26	16.07	15.45	11.51	7.10	5.51	45.69	31.95
组成内容		**单位**	**单价**	**数量**							
人工	综合工	工日	135.00	0.65	0.54	0.65	0.54	0.65	0.54	0.61	0.53
材料	铅油	kg	11.17	1.01	0.78	—	—	—	—	—	—
	清油	kg	15.06	0.49	0.36	—	—	—	—	—	—
	汽油 60# ~70#	kg	6.67	0.39	0.29	0.14	0.11	—	—	—	—
	酚醛调和漆	kg	10.67	—	—	1.36	1.01	—	—	—	—
	煤焦沥青漆 L01-17	kg	11.34	—	—	—	—	—	—	3.52	2.49
	煤焦油	kg	1.15	—	—	—	—	3.30	2.57	—	—
	动力苯	kg	8.25	—	—	—	—	0.40	0.31	0.70	0.45

工作内容：调配、涂刷。 **单位**：$10m^2$

编号				11-154	11-155	11-156	11-157	11-158	11-159	11-160	11-161
项目				设备				管道			
				银粉漆		冷底子		厚漆		调和漆	
				第一遍	第二遍	第一遍	第二遍	第一遍	第二遍	第一遍	第二遍
预算基价	总价(元)			**101.91**	**86.26**	**131.96**	**110.36**	**119.95**	**97.98**	**112.75**	**92.62**
	人工费(元)			87.75	72.90	87.75	72.90	97.20	81.00	97.20	81.00
	材料费(元)			14.16	13.36	44.21	37.46	22.75	16.98	15.55	11.62
组成内容		**单位**	**单价**	**数量**							
人工	综合工	工日	135.00	0.65	0.54	0.65	0.54	0.72	0.60	0.72	0.60
材料	酚醛调和漆	kg	10.67	—	—	—	—	—	—	1.37	1.02
	酚醛清漆 F01-1	kg	14.12	0.43	0.39	—	—	—	—	—	—
	银粉	kg	22.81	0.10	0.09	—	—	—	—	—	—
	汽油 60[#]～70[#]	kg	6.67	0.87	0.87	—	—	0.40	0.27	0.14	0.11
	石油沥青 10[#]	kg	4.04	—	—	1.30	1.63	—	—	—	—
	动力苯	kg	8.25	—	—	3.03	1.62	—	—	—	—
	木柴	kg	1.03	—	—	13.51	16.94	—	—	—	—
	铅油	kg	11.17	—	—	—	—	1.07	0.82	—	—
	清油	kg	15.06	—	—	—	—	0.54	0.40	—	—
	零星材料费	元	—	—	—	0.05	0.06	—	—	—	—

工作内容：调配、涂刷。

单位：10m²

编号				11-162	11-163	11-164	11-165	11-166	11-167	11-168	11-169
项目				管道							
				煤焦油		沥青漆		银粉漆		冷底子	
				第一遍	第二遍	第一遍	第二遍	第一遍	第二遍	第一遍	第二遍
预算基价	总价(元)			**146.19**	**86.55**	**139.36**	**115.56**	**112.84**	**95.16**	**180.60**	**153.95**
	人工费(元)			139.05	81.00	91.80	81.00	97.20	81.00	129.60	110.70
	材料费(元)			7.14	5.55	47.56	34.56	15.64	14.16	51.00	43.25
组成内容		**单位**	**单价**	**数量**							
人工	综合工	工日	135.00	1.03	0.60	0.68	0.60	0.72	0.60	0.96	0.82
材料	煤焦油	kg	1.15	3.34	2.60	—	—	—	—	—	—
	动力苯	kg	8.25	0.40	0.31	0.61	0.45	—	—	3.50	1.88
	煤焦沥青漆 L01-17	kg	11.34	—	—	3.75	2.72	—	—	—	—
	酚醛清漆 F01-1	kg	14.12	—	—	—	—	0.47	0.43	—	—
	银粉	kg	22.81	—	—	—	—	0.12	0.10	—	—
	汽油 60#～70#	kg	6.67	—	—	—	—	0.94	0.87	—	—
	石油沥青 10#	kg	4.04	—	—	—	—	—	—	1.50	1.88
	木柴	kg	1.03	—	—	—	—	—	—	15.54	19.48
	零星材料费	元	—	—	—	—	—	—	—	0.06	0.08

六、玻璃布、白布面刷油

工作内容：调配、涂刷。

单位：10m²

编号				11-170	11-171	11-172	11-173	11-174	11-175	11-176	11-177
项目				设备							
				厚漆		调和漆		煤焦油		沥青漆	
				第一遍	第二遍	第一遍	第二遍	第一遍	第二遍	第一遍	第二遍
预算基价	总价(元)			**148.88**	**125.67**	**141.98**	**120.21**	**133.07**	**113.56**	**181.33**	**148.53**
	人工费(元)			124.20	106.65	124.20	106.65	124.20	106.65	129.60	110.70
	材料费(元)			24.68	19.02	17.78	13.56	8.87	6.91	51.73	37.83
组成内容		**单位**	**单价**	**数量**							
人工	综合工	工日	135.00	0.92	0.79	0.92	0.79	0.92	0.79	0.96	0.82
材料	铅油	kg	11.17	1.16	0.92	—	—	—	—	—	—
	清油	kg	15.06	0.57	0.43	—	—	—	—	—	—
	汽油 60#～70#	kg	6.67	0.47	0.34	0.17	0.13	—	—	—	—
	酚醛调和漆	kg	10.67	—	—	1.56	1.19	—	—	—	—
	煤焦沥青漆 L01-17	kg	11.34	—	—	—	—	—	—	4.06	2.95
	煤焦油	kg	1.15	—	—	—	—	4.13	3.21	—	—
	动力苯	kg	8.25	—	—	—	—	0.50	0.39	0.69	0.53

工作内容：调配、涂刷。

单位：10m²

编号				11-178	11-179	11-180	11-181	11-182	11-183	11-184	11-185
项目				设备				管道			
				银粉漆		冷底子		厚漆		调和漆	
				第一遍	第二遍	第一遍	第二遍	第一遍	第二遍	第一遍	第二遍
预算基价	总价(元)			**140.73**	**122.25**	**180.60**	**153.95**	**163.96**	**138.96**	**155.76**	**132.58**
	人工费(元)			124.20	106.65	129.60	110.70	137.70	118.80	137.70	118.80
	材料费(元)			16.53	15.60	51.00	43.25	26.26	20.16	18.06	13.78
组成内容		**单位**	**单价**	**数量**							
人工	综合工	工日	135.00	0.92	0.79	0.96	0.82	1.02	0.88	1.02	0.88
材料	酚醛调和漆	kg	10.67	—	—	—	—	—	—	1.58	1.21
	酚醛清漆 F01-1	kg	14.12	0.50	0.45	—	—	—	—	—	—
	银粉	kg	22.81	0.12	0.11	—	—	—	—	—	—
	汽油 60#～70#	kg	6.67	1.01	1.01	—	—	0.46	0.32	0.18	0.13
	石油沥青 10#	kg	4.04	—	—	1.50	1.88	—	—	—	—
	动力苯	kg	8.25	—	—	3.50	1.88	—	—	—	—
	木柴	kg	1.03	—	—	15.54	19.48	—	—	—	—
	铅油	kg	11.17	—	—	—	—	1.24	0.98	—	—
	清油	kg	15.06	—	—	—	—	0.62	0.47	—	—
	零星材料费	元	—	—	—	0.06	0.08	—	—	—	—

工作内容： 调配、涂刷。　　　　**单位：** 10m²

编号				11-186	11-187	11-188	11-189	11-190	11-191	11-192	11-193
项目				管道							
				煤焦油		沥青漆		银粉漆		冷底子	
				第一遍	第二遍	第一遍	第二遍	第一遍	第二遍	第一遍	第二遍
预算基价	总价(元)			**146.62**	**125.74**	**184.48**	**151.56**	**155.72**	**135.33**	**196.41**	**168.51**
	人工费(元)			137.70	118.80	129.60	110.70	137.70	118.80	137.70	118.80
	材料费(元)			8.92	6.94	54.88	40.86	18.02	16.53	58.71	49.71
组成内容		**单位**	**单价**	**数量**							
人工	综合工	工日	135.00	1.02	0.88	0.96	0.82	1.02	0.88	1.02	0.88
材料	煤焦油	kg	1.15	4.17	3.24	—	—	—	—	—	—
	动力苯	kg	8.25	0.50	0.39	0.70	0.54	—	—	4.03	2.16
	煤焦沥青漆 L01-17	kg	11.34	—	—	4.33	3.21	—	—	—	—
	酚醛清漆 F01-1	kg	14.12	—	—	—	—	0.54	0.50	—	—
	银粉	kg	22.81	—	—	—	—	0.14	0.12	—	—
	汽油 60#～70#	kg	6.67	—	—	—	—	1.08	1.01	—	—
	石油沥青 10#	kg	4.04	—	—	—	—	—	—	1.73	2.16
	木柴	kg	1.03	—	—	—	—	—	—	17.87	22.40
	零星材料费	元	—	—	—	—	—	—	—	0.07	0.09

七、麻布面、石棉布面刷油

工作内容： 调配、涂刷。

单位： $10m^2$

编号				11-194	11-195	11-196	11-197	11-198	11-199	11-200	11-201
项目				设备							
				厚漆		调和漆		煤焦油		沥青漆	
				第一遍	第二遍	第一遍	第二遍	第一遍	第二遍	第一遍	第二遍
预算基价	总价(元)			**165.81**	**135.42**	**158.99**	**129.94**	**148.99**	**122.52**	**183.50**	**150.29**
	人工费(元)			139.05	114.75	139.05	114.75	139.05	114.75	125.55	108.00
	材料费(元)			26.76	20.67	19.94	15.19	9.94	7.77	57.95	42.29
	组成内容	**单位**	**单价**	**数量**							
人工	综合工	工日	135.00	1.03	0.85	1.03	0.85	1.03	0.85	0.93	0.80
材料	铅油	kg	11.17	1.30	1.03	—	—	—	—	—	—
	清油	kg	15.06	0.64	0.48	—	—	—	—	—	—
	汽油 60# ～70#	kg	6.67	0.39	0.29	0.19	0.15	—	—	—	—
	酚醛调和漆	kg	10.67	—	—	1.75	1.33	—	—	—	—
	煤焦沥青漆 L01-17	kg	11.34	—	—	—	—	—	—	4.55	3.30
	煤焦油	kg	1.15	—	—	—	—	4.63	3.60	—	—
	动力苯	kg	8.25	—	—	—	—	0.56	0.44	0.77	0.59

工作内容：调配、涂刷。　　　　　　　　　　　　　　　　　　　　　　　　　　　　**单位：**10m²

编　号				11-202	11-203	11-204	11-205	11-206	11-207	11-208	11-209
项　目				设备				管道			
				银粉漆		冷底子		厚漆		调和漆	
				第一遍	第二遍	第一遍	第二遍	第一遍	第二遍	第一遍	第二遍
预算基价	总　价(元)			**157.25**	**132.02**	**198.02**	**164.37**	**183.84**	**150.92**	**175.47**	**143.83**
	人 工 费(元)			139.05	114.75	139.05	114.75	155.25	128.25	155.25	128.25
	材 料 费(元)			18.20	17.27	58.97	49.62	28.59	22.67	20.22	15.58
组 成 内 容		**单位**	**单价**	**数　量**							
人工	综合工	工日	135.00	1.03	0.85	1.03	0.85	1.15	0.95	1.15	0.95
材料	酚醛调和漆	kg	10.67	—	—	—	—	—	—	1.77	1.36
	酚醛清漆 F01-1	kg	14.12	0.55	0.50	—	—	—	—	—	—
	银粉	kg	22.81	0.13	0.12	—	—	—	—	—	—
	汽油 60#～70#	kg	6.67	1.12	1.12	—	—	0.40	0.36	0.20	0.16
	石油沥青 10#	kg	4.04	—	—	1.73	2.16	—	—	—	—
	动力苯	kg	8.25	—	—	4.07	2.16	—	—	—	—
	木柴	kg	1.03	—	—	17.87	22.40	—	—	—	—
	铅油	kg	11.17	—	—	—	—	1.39	1.10	—	—
	清油	kg	15.06	—	—	—	—	0.69	0.53	—	—

工作内容： 调配、涂刷。 **单位：** 10m²

编号				11-210	11-211	11-212	11-213	11-214	11-215	11-216	11-217
项目				管道							
				煤焦油		沥青漆		银粉漆		冷底子	
				第一遍	第二遍	第一遍	第二遍	第一遍	第二遍	第一遍	第二遍
预算基价	总价(元)			**167.26**	**136.05**	**200.57**	**166.01**	**175.15**	**146.45**	**206.53**	**177.63**
	人工费(元)			155.25	128.25	139.05	120.15	155.25	128.25	139.05	120.15
	材料费(元)			12.01	7.80	61.52	45.86	19.90	18.20	67.48	57.48
组成内容		**单位**	**单价**	**数量**							
人工	综合工	工日	135.00	1.15	0.95	1.03	0.89	1.15	0.95	1.03	0.89
材料	煤焦油	kg	1.15	4.85	3.63	—	—	—	—	—	—
	动力苯	kg	8.25	0.78	0.44	0.79	0.61	—	—	4.63	2.51
	煤焦沥青漆 L01-17	kg	11.34	—	—	4.85	3.60	—	—	—	—
	酚醛清漆 F01-1	kg	14.12	—	—	—	—	0.60	0.55	—	—
	银粉	kg	22.81	—	—	—	—	0.15	0.13	—	—
	汽油 60#～70#	kg	6.67	—	—	—	—	1.20	1.12	—	—
	石油沥青 10#	kg	4.04	—	—	—	—	—	—	1.99	2.51
	木柴	kg	1.03	—	—	—	—	—	—	20.55	25.76
	零星材料费	元	—	—	—	—	—	—	—	0.08	0.10

八、气柜刷油

工作内容：调配、涂刷。

单位：10m²

编号				11-218	11-219	11-220	11-221	11-222	11-223	11-224	11-225
项目				水槽壁内、外板				中罩塔内、外壁			
				红丹防锈漆		调和漆		红丹防锈漆		沥青漆	
				第一遍	第二遍	第一遍	第二遍	第一遍	第二遍	第一遍	第二遍
预算基价	总价(元)			**71.24**	**54.20**	**46.93**	**45.58**	**91.49**	**67.70**	**107.50**	**83.38**
	人工费(元)			47.25	35.10	35.10	35.10	67.50	48.60	66.15	48.60
	材料费(元)			23.99	19.10	11.83	10.48	23.99	19.10	41.35	34.78
组成内容		单位	单价	数量							
人工	综合工	工日	135.00	0.35	0.26	0.26	0.26	0.50	0.36	0.49	0.36
材料	防锈漆 C53-1	kg	13.20	1.61	1.28	—	—	1.61	1.28	—	—
	酚醛调和漆	kg	10.67	—	—	1.04	0.92	—	—	—	—
	沥青耐酸漆	kg	14.18	—	—	—	—	—	—	2.70	2.26
	汽油 60#～70#	kg	6.67	0.41	0.33	0.11	0.10	0.41	0.33	0.46	0.41

工作内容：调配、涂刷。

单位：$10m^2$

编号				11-226	11-227	11-228	11-229	11-230	11-231	11-232	11-233	11-234
项目				顶盖内				顶盖外、罐底				
				红丹防锈漆		沥青漆		调和漆		烫沥青		
				第一遍	第二遍	第一遍	第二遍	第一遍	第二遍	δ10mm以内	δ15mm以内	δ25mm以内
预算基价	总价(元)			**96.89**	**71.75**	**112.90**	**93.25**	**45.45**	**44.10**	**923.27**	**1423.39**	**1841.39**
	人工费(元)			72.90	52.65	71.55	52.65	33.75	33.75	445.50	675.00	891.00
	材料费(元)			23.99	19.10	41.35	40.60	11.70	10.35	477.77	748.39	950.39
组成内容		**单位**	**单价**	**数量**								
人工	综合工	工日	135.00	0.54	0.39	0.53	0.39	0.25	0.25	3.30	5.00	6.60
材料	防锈漆 C53-1	kg	13.20	1.61	1.28	—	—	—	—	—	—	—
	沥青耐酸漆	kg	14.18	—	—	2.70	2.67	—	—	—	—	—
	酚醛调和漆	kg	10.67	—	—	—	—	1.04	0.92	—	—	—
	汽油 60#～70#	kg	6.67	0.41	0.33	0.46	0.41	0.09	0.08	—	—	—
	石油沥青 10#	kg	4.04	—	—	—	—	—	—	100	150	200
	木柴	kg	1.03	—	—	—	—	—	—	5	5	5
	煤	t	527.83	—	—	—	—	—	—	0.13	0.26	0.26

九、玛琋脂面刷油

工作内容：调配、涂刷。

单位：10m²

编号				11-235	11-236	11-237	11-238
项目				调和漆		银粉漆	
				第一遍	第二遍	第一遍	第二遍
预算基价	总价(元)			**175.47**	**143.49**	**175.15**	**146.45**
	人工费(元)			155.25	128.25	155.25	128.25
	材料费(元)			20.22	15.24	19.90	18.20
组成内容		**单位**	**单价**	**数量**			
人工	综合工	工日	135.00	1.15	0.95	1.15	0.95
材料	酚醛调和漆	kg	10.67	1.77	1.36	—	—
	酚醛清漆 F01-1	kg	14.12	—	—	0.60	0.55
	汽油 60#～70#	kg	6.67	0.20	0.11	1.20	1.12
	银粉	kg	22.81	—	—	0.15	0.13

十、喷　　漆

工作内容：调配、喷涂。　　　　**单位：**10m²

编　　号				11-239	11-240	11-241	11-242	11-243	11-244
项　　目				管道、设备					
				防锈漆		银粉漆		调和漆	
				第一遍	第二遍	第一遍	第二遍	第一遍	第二遍
预算基价	总　　价(元)			**53.67**	**47.23**	**35.99**	**34.92**	**36.00**	**34.43**
	人 工 费(元)			10.80	10.80	10.80	10.80	10.80	10.80
	材 料 费(元)			30.51	26.54	15.30	14.23	15.31	13.74
	机 械 费(元)			12.36	9.89	9.89	9.89	9.89	9.89
组 成 内 容		**单位**	**单价**	**数　　量**					
人工	综合工	工日	135.00	0.08	0.08	0.08	0.08	0.08	0.08
材料	酚醛调和漆	kg	10.67	—	—	—	—	1.21	1.07
	酚醛清漆 F01-1	kg	14.12	—	—	0.41	0.38	—	—
	酚醛防锈漆	kg	17.27	1.50	1.29	—	—	—	—
	溶剂汽油 200#	kg	6.90	0.45	0.40	0.83	0.77	0.13	0.12
	银粉	kg	22.81	—	—	0.10	0.09	—	—
	零星材料费	元	—	1.50	1.50	1.50	1.50	1.50	1.50
机械	电动空气压缩机 3m³	台班	123.57	0.10	0.08	0.08	0.08	0.08	0.08

工作内容：调配、喷涂。　　　　**单位：**10m²

编号				11-245	11-246	11-247	11-248	11-249	11-250
项目				金属结构					
				防锈漆		银粉漆		调和漆	
				第一遍	第二遍	第一遍	第二遍	第一遍	第二遍
预算基价	总价(元)			**45.07**	**39.73**	**32.25**	**31.25**	**32.80**	**31.35**
	人工费(元)			10.80	10.80	10.80	10.80	10.80	10.80
	材料费(元)			21.91	19.04	11.56	10.56	12.11	10.66
	机械费(元)			12.36	9.89	9.89	9.89	9.89	9.89
组成内容		**单位**	**单价**	**数量**					
人工	综合工	工日	135.00	0.08	0.08	0.08	0.08	0.08	0.08
材料	酚醛调和漆	kg	10.67	—	—	—	—	0.93	0.80
	酚醛清漆 F01-1	kg	14.12	—	—	0.29	0.26	—	—
	酚醛防锈漆	kg	17.27	1.05	0.90	—	—	—	—
	溶剂汽油 200#	kg	6.90	0.33	0.29	0.60	0.55	0.10	0.09
	银粉	kg	22.81	—	—	0.08	0.07	—	—
	零星材料费	元	—	1.50	1.50	1.50	1.50	1.50	1.50
机械	电动空气压缩机 3m³	台班	123.57	0.10	0.08	0.08	0.08	0.08	0.08

十一、管道沥青防腐

工作内容：清除尘土、熬沥青、调油刷油、缠保护层。　　**单位：**$10m^2$

编号				11-251	11-252	11-253	11-254
项目				沥青油毡纸		沥青玻璃布	
				一毡二油	每增一毡一油	一布二油	每增一布一油
预算基价	总价(元)			**384.69**	**273.91**	**454.00**	**349.98**
	人工费(元)			186.30	148.50	224.10	186.30
	材料费(元)			198.39	125.41	229.90	163.68
组成内容		**单位**	**单价**	**数量**			
人工	综合工	工日	135.00	1.38	1.10	1.66	1.38
材料	石油沥青 10#	kg	4.04	34.0	17.0	40.0	24.5
	沥青油毡 350#	m^2	3.83	12.5	13.0	—	—
	滑石粉	kg	0.59	14	7	18	11
	煤	t	527.83	0.005	0.003	0.006	0.005
	木柴	kg	1.03	2	1	2	1
	玻璃布 0.22	m^2	4.18	—	—	12.5	13.0
	零星材料费	元	—	0.20	0.20	0.20	0.20

注：同时适用于埋地管道。

第三章　绝 热 工 程

说　明

一、本章基价适用范围：设备、管道、通风管道绝热工程。

二、伴热管道、设备绝热工程的工程量计算方法：主绝热管径或设备的直径加伴热管道的直径，再加10～20mm，作为计算直径。

$$D=D_{主}+D_{伴}+(10\sim20)$$

三、根据规范要求，保温层厚度大于100mm，保冷层厚度大于80mm时，按分两层施工计算工程量。

四、仪表管道绝热工程，执行本基价相应子目。

五、管道绝热工程，除法兰、阀门外，均包括其他各种管件绝热。设备绝热工程，除法兰、人孔外，其封头已考虑在基价中。

六、保护层：

1.镀锌薄钢板规格按1000mm×2000mm和900mm×1800mm，厚度0.8mm以内综合考虑，若采用其他规格薄钢板时，可按实际调整。厚度大于0.8mm时，其人工工日乘以系数1.20；卧式设备包薄钢板其人工工日乘以系数1.05。

2.此项也适用于铝皮保护层，主材可以换算。

七、聚氨酯泡沫塑料发泡工程，是按现场直喷无模具考虑的，若采用有模具浇注法施工，其模具制作、安装依施工方案另计。

八、矩形管道绝热需要加防雨坡度时，其人工、材料、机械另行计算。

九、设备、管道绝热均按现场先安装后绝热施工考虑，若先绝热后安装时，其人工工日乘以系数0.90。

十、沥青玛瑞脂保护层安装中不含金属网安装。如果发生时，执行本基价相应子目。

十一、绝热层安装是按镀锌铁丝捆扎考虑的。如果采用金属带捆扎时可以换算。

工程量计算规则

一、绝热工程中绝热层依设计图示尺寸按体积计算。防潮层、保护层依设计图示尺寸按面积计算。

二、保温钩钉按设计图示数量计算。

三、绝热工程量计算公式。

1.设备筒体或管道绝热层、防潮层和保护层计算公式：

$$V=\pi\times(D+1.033\delta)\times1.033\delta\times L \tag{1}$$

$$S=\pi\times(D+2.1\delta+0.0082)\times L \tag{2}$$

式中：D——直径；

1.033、2.1——调整系数；

δ——绝热层厚度；

L——设备筒体或管道长；

0.0082——捆扎线直径或钢带厚。

2.伴热管道绝热工程量计算公式：

$$D'=D_1+D_2+(10\sim20) \tag{3}$$

式中：D'——伴热管道综合值；

D_1——主管道直径；

D_2——伴热管道直径；

(10～20)——主管道与伴热管道之间的间隙(mm)。

(1)双管伴热(管径相同,夹角大于90°)：

$$D'=D_1+1.5D_2+(10\sim20) \tag{4}$$

(2)双管伴热(管径不同,夹角小于90°)：

$$D'=D_1+D_{伴大}+(10\sim20) \tag{5}$$

式中：$D_{伴大}$——伴热管中直径较大的；

其他同前。

将上述 D' 计算结果分别代入公式(1)、(2)计算出伴热管道的绝热层、防潮层和保护层工程量。

3.设备封头绝热、防潮和保护层工程量计算式：

$$V=[(D+1.033\delta)/2]2\times\pi\times1.033\delta\times1.5\times N \tag{6}$$

$$S=[(D+2.1\delta)/2]2\times\pi\times1.5\times N \tag{7}$$

4.阀门绝热层、防潮层和保护层计算公式：

$$V=\pi\times(D+1.033\delta)\times2.5D\times1.033\delta\times1.05\times N \tag{8}$$

$$S=\pi\times(D+2.1\delta)\times2.5D\times1.05\times N \tag{9}$$

5.法兰绝热层、防潮层和保护层计算公式：

$$V=\pi\times(D+1.033\delta)\times1.5D\times1.033\delta\times1.05\times N \tag{10}$$

$$S=\pi\times(D+2.1\delta)\times1.5D\times1.05\times N \tag{11}$$

6.拱顶罐封头绝热层、防潮层和保护层计算公式：

$$V=2\pi r\times(h+1.033\delta)\times1.033\delta \tag{12}$$

$$S=2\pi r\times(h+2.1\delta) \tag{13}$$

四、阀门及法兰棉毡、席安装按设计图示数量计算。

五、托盘，钩钉制作、安装按设计图示质量计算。

六、镀锌薄钢板金属盒按设计图示数量计算。

一、硬质瓦块安装

工作内容：运料、割料、安装、捆扎、修理整平、抹缝(或塞缝)。 **单位：**m^3

编号				11-255	11-256	11-257	11-258	11-259	11-260
项目				管道				设备	
				D57以内	D133以内	D426以内	D426以外	立式	卧式
预算基价	总价(元)			**522.48**	**420.91**	**249.40**	**219.91**	**276.00**	**367.80**
	人工费(元)			441.45	349.65	176.85	147.15	186.30	278.10
	材料费(元)			81.03	71.26	72.55	72.76	89.70	89.70
组成内容		**单位**	**单价**	**数量**					
人工	综合工	工日	135.00	3.27	2.59	1.31	1.09	1.38	2.06
材料	硬质瓦块	m^3	—	(1.12)	(1.08)	(1.08)	(1.05)	(1.05)	(1.05)
	石棉灰 Ⅳ级	kg	1.01	17.2	17.2	17.2	17.2	14.6	14.6
	硅藻土粉 生料	kg	0.80	40.3	40.3	40.3	40.3	34.0	34.0
	水	m^3	7.62	0.1	0.1	0.1	0.1	0.1	0.1
	镀锌钢丝 D1.2～2.2	kg	7.13	4.30	2.93	3.11	—	—	—
	镀锌钢丝 D2.8～4.0	kg	6.91	—	—	—	3.24	6.80	6.80

注：适用于珍珠岩、蛭石、微孔硅酸钙等。

二、泡沫石棉瓦块安装

工作内容：运料、安装瓦块、捆扎钢丝、修理整平。 **单位：**m³

编　　号				11-261	11-262	11-263	11-264
项　　目				管道			
				*D*57以内	*D*133以内	*D*426以内	*D*426以外
预算基价	总　　价(元)			**867.66**	**440.74**	**388.02**	**334.24**
	人　工　费(元)			837.00	419.85	365.85	311.85
	材　料　费(元)			30.66	20.89	22.17	22.39
组 成 内 容		**单位**	**单价**	**数　　量**			
人工	综合工	工日	135.00	6.20	3.11	2.71	2.31
材料	泡沫石棉瓦块	m³	—	(1.035)	(1.035)	(1.035)	(1.035)
	镀锌钢丝 *D*1.2～2.2	kg	7.13	4.30	2.93	3.11	—
	镀锌钢丝 *D*2.8～4.0	kg	6.91	—	—	—	3.24

三、泡沫石棉板材安装

工作内容：运料、安装瓦块、捆扎钢丝、修理整平。 **单位：**m³

编号				11-265	11-266	11-267	11-268	11-269	11-270	11-271	11-272	11-273	11-274
项目				管道（40mm厚）	设备（40mm厚）			管道（50mm厚）	设备（50mm厚）			管道（60mm厚）	设备（60mm厚）
				*D*426以外	立式	卧式	球罐	*D*426以外	立式	卧式	球罐	*D*426以外	立式
预算基价	总价（元）			**878.29**	**1043.72**	**1184.12**	**1388.25**	**732.49**	**856.07**	**1042.37**	**1214.10**	**621.79**	**727.82**
	人工费（元）			855.90	966.60	1107.00	1258.20	710.10	778.95	965.25	1084.05	599.40	650.70
	材料费（元）			22.39	77.12	77.12	130.05	22.39	77.12	77.12	130.05	22.39	77.12
组成内容		**单位**	**单价**	**数量**									
人工	综合工	工日	135.00	6.34	7.16	8.20	9.32	5.26	5.77	7.15	8.03	4.44	4.82
材料	泡沫石棉板	m³	—	(1.035)	(1.035)	(1.035)	(1.035)	(1.035)	(1.035)	(1.035)	(1.035)	(1.035)	(1.035)
	镀锌钢丝 *D*2.8～4.0	kg	6.91	3.24	11.16	11.16	18.82	3.24	11.16	11.16	18.82	3.24	11.16

工作内容：运料、安装瓦块、捆扎钢丝、修理整平。　　**单位：**m^3

编号				11-275	11-276	11-277	11-278	11-279	11-280	11-281	11-282	11-283	11-284
项目				设备(60mm厚)		管道(80mm厚)	设备(80mm厚)			管道(100mm厚)	设备(100mm厚)		
				卧式	球罐	*D*426以外	立式	卧式	球罐	*D*426以外	立式	卧式	球罐
预算基价	总价(元)			**839.87**	**995.40**	**482.74**	**576.62**	**646.82**	**798.30**	**415.24**	**483.47**	**538.82**	**676.80**
预算基价	人工费(元)			762.75	865.35	460.35	499.50	569.70	668.25	392.85	406.35	461.70	546.75
预算基价	材料费(元)			77.12	130.05	22.39	77.12	77.12	130.05	22.39	77.12	77.12	130.05
组成内容		**单位**	**单价**	**数量**									
人工	综合工	工日	135.00	5.65	6.41	3.41	3.70	4.22	4.95	2.91	3.01	3.42	4.05
材料	泡沫石棉板	m^3	—	(1.035)	(1.035)	(1.035)	(1.035)	(1.035)	(1.035)	(1.035)	(1.035)	(1.035)	(1.035)
材料	镀锌钢丝 *D*2.8～4.0	kg	6.91	11.16	18.82	3.24	11.16	11.16	18.82	3.24	11.16	11.16	18.82

四、泡沫玻璃瓦块加工制作

工作内容： 制木模、运料、切割、配胶粘剂、粘接、修整、成品检查、堆放。 **单位：** m^3

编号				11-285	11-286	11-287	11-288	11-289
项目				管道				设备
				*D*57以内	*D*133以内	*D*426以内	*D*426以外	
预算基价	总价(元)			**4248.67**	**2808.22**	**1581.07**	**1069.42**	**1367.77**
	人工费(元)			4140.45	2700.00	1472.85	961.20	1259.55
	材料费(元)			94.04	94.04	94.04	94.04	94.04
	机械费(元)			14.18	14.18	14.18	14.18	14.18
组成内容		**单位**	**单价**	**数量**				
人工	综合工	工日	135.00	30.67	20.00	10.91	7.12	9.33
材料	泡沫玻璃板材	m^3	—	(1.40)	(1.40)	(1.40)	(1.40)	(1.40)
	胶粘剂	kg	—	(30)	(30)	(30)	(30)	(30)
	滑石粉	kg	0.59	10	10	10	10	10
	木板	m^3	1672.03	0.01	0.01	0.01	0.01	0.01
	汽油 60#～70#	kg	6.67	0.15	0.15	0.15	0.15	0.15
	煤	t	527.83	0.121	0.121	0.121	0.121	0.121
	木柴	kg	1.03	5	5	5	5	5
	模具费	元	—	0.60	0.60	0.60	0.60	0.60
	零星材料费	元	—	0.80	0.80	0.80	0.80	0.80
机械	木工圆锯机 *D*600	台班	35.46	0.40	0.40	0.40	0.40	0.40

五、泡沫玻璃瓦块(板材)安装

工作内容： 运料、粘接、安装、绑钢丝、抹缝、修理整平。

单位： m^3

	编　号			11-290	11-291	11-292	11-293	11-294	11-295	11-296	11-297
	项　目			管道				设备			
				*D*57以内	*D*133以内	*D*426以内	*D*426以外	瓦块		板材	
								立式	卧式	立式	卧式
预算基价	总　价(元)			**1688.21**	**863.04**	**713.12**	**786.24**	**886.48**	**1051.18**	**2363.76**	**2528.46**
	人　工　费(元)			1656.45	841.05	689.85	762.75	839.70	1004.40	2253.15	2417.85
	材　料　费(元)			31.76	21.99	23.27	23.49	46.78	46.78	46.78	46.78
	机　械　费(元)			—	—	—	—	—	—	63.83	63.83
	组 成 内 容	**单位**	**单价**	**数　量**							
人工	综合工	工日	135.00	12.27	6.23	5.11	5.65	6.22	7.44	16.69	17.91
材料	泡沫玻璃瓦块	m^3	—	(1.15)	(1.10)	(1.10)	(1.10)	(1.08)	(1.08)	—	—
	泡沫玻璃板材	m^3	—	—	—	—	—	—	—	(1.20)	(1.20)
	胶粘剂	kg	—	(25)	(25)	(25)	(25)	(25)	(25)	(25)	(25)
	镀锌钢丝 *D*1.2～2.2	kg	7.13	4.30	2.93	3.11	—	—	—	—	—
	镀锌钢丝 *D*2.8～4.0	kg	6.91	—	—	—	3.24	6.61	6.61	6.61	6.61
	零星材料费	元	—	1.10	1.10	1.10	1.10	1.10	1.10	1.10	1.10
机械	木工圆锯机 *D*600	台班	35.46	—	—	—	—	—	—	1.80	1.80

六、微孔硅酸钙瓦块安装

工作内容：运料、割料、安装、捆扎、修理整平、抹缝(或塞缝)。 **单位：**m^3

编号				11-298	11-299	11-300	11-301	11-302	11-303	11-304
项目				管道				设备		阀门、法兰
				D57以内	D133以内	D426以内	D426以外	立式	卧式	
预算基价	总价(元)			**913.98**	**487.06**	**434.35**	**298.21**	**290.85**	**394.80**	**1151.02**
	人工费(元)			832.95	415.80	361.80	225.45	201.15	305.10	1067.85
	材料费(元)			81.03	71.26	72.55	72.76	89.70	89.70	83.17
组成内容		**单位**	**单价**	**数量**						
人工	综合工	工日	135.00	6.17	3.08	2.68	1.67	1.49	2.26	7.91
材料	微孔硅酸钙	m^3	—	(1.05)	(1.05)	(1.05)	(1.05)	(1.05)	(1.05)	(1.15)
	石棉灰 Ⅳ级	kg	1.01	17.2	17.2	17.2	17.2	14.6	14.6	17.2
	硅藻土粉 生料	kg	0.80	40.3	40.3	40.3	40.3	34.0	34.0	40.3
	水	m^3	7.62	0.1	0.1	0.1	0.1	0.1	0.1	0.1
	镀锌钢丝 D1.2～2.2	kg	7.13	4.30	2.93	3.11	—	—	—	4.60
	镀锌钢丝 D2.8～4.0	kg	6.91	—	—	—	3.24	6.80	6.80	—

七、聚氨酯泡沫塑料瓦块加工制作

工作内容： 运料、切割、配胶粘剂、粘接、修整、成品检查、堆放。　　　　**单位：** m^3

编　号				11-305	11-306	11-307	11-308	11-309
项　目				管道				设备
				*D*57以内	*D*133以内	*D*426以内	*D*426以外	
预算基价	总　价(元)			**3424.71**	**2321.76**	**1077.06**	**846.21**	**981.21**
	人 工 费(元)			3365.55	2262.60	1017.90	787.05	922.05
	材 料 费(元)			44.98	44.98	44.98	44.98	44.98
	机 械 费(元)			14.18	14.18	14.18	14.18	14.18
组成内容		**单位**	**单价**	**数　量**				
人工	综合工	工日	135.00	24.93	16.76	7.54	5.83	6.83
材料	聚氨酯泡沫塑料板	m^3	—	(1.40)	(1.40)	(1.40)	(1.40)	(1.40)
	胶粘剂	kg	—	(30)	(30)	(30)	(30)	(30)
	聚氯乙烯薄膜	kg	12.44	2	2	2	2	2
	木板	m^3	1672.03	0.01	0.01	0.01	0.01	0.01
	丙酮	kg	9.89	0.2	0.2	0.2	0.2	0.2
	模具费	元	—	0.60	0.60	0.60	0.60	0.60
	零星材料费	元	—	0.80	0.80	0.80	0.80	0.80
机械	木工圆锯机 *D*600	台班	35.46	0.40	0.40	0.40	0.40	0.40

八、聚氨酯泡沫塑料瓦块(板材)安装

工作内容：运料、下料、涂胶粘剂、粘接、安装瓦块、绑钢丝(包铁角或铁皮箍)、修整找平。 **单位：**m^3

编号				11-310	11-311	11-312	11-313	11-314	11-315	11-316	11-317
项目				管道				设备			通风管道
				*D*57 以内	*D*133 以内	*D*426 以内	*D*426 以外	立式	卧式	球罐	
预算基价	总价(元)			**863.61**	**436.69**	**383.97**	**330.19**	**1794.31**	**1880.71**	**2029.55**	**1193.85**
	人工费(元)			832.95	415.80	361.80	307.80	1684.80	1771.20	1912.95	1107.00
	材料费(元)			30.66	20.89	22.17	22.39	45.68	45.68	45.68	23.02
	机械费(元)			—	—	—	—	63.83	63.83	70.92	63.83
组成内容		**单位**	**单价**	**数量**							
人工	综合工	工日	135.00	6.17	3.08	2.68	2.28	12.48	13.12	14.17	8.20
材料	聚氨酯泡沫塑料瓦块	m^3	—	(1.03)	(1.03)	(1.03)	(1.03)	—	—	—	—
	聚氨酯泡沫塑料板	m^3	—	—	—	—	—	(1.20)	(1.20)	(1.20)	(1.20)
	胶粘剂	kg	—	(25)	(25)	(25)	(25)	(25)	(25)	(25)	—
	镀锌钢丝 *D*1.2～2.2	kg	7.13	4.30	2.93	3.11	—	—	—	—	—
	镀锌钢丝 *D*2.8～4.0	kg	6.91	—	—	—	3.24	6.61	6.61	6.61	—
	普碳钢板 Q195～Q235 δ1.0～1.5	t	3992.69	—	—	—	—	—	—	—	0.004
	铁皮箍	kg	2.25	—	—	—	—	—	—	—	3
	零星材料费	元	—	—	—	—	—	—	—	—	0.30
机械	木工圆锯机 *D*600	台班	35.46	—	—	—	—	1.80	1.80	2.00	1.80

注：通风管道不包括涂胶粘剂内容。

九、聚苯乙烯泡沫瓦块加工制作

工作内容：运料、切割、拼接、配胶粘剂、粘接、修整、成品检查、堆放。

单位：m^3

编号				11-318	11-319	11-320	11-321	11-322
项目				管道				设备
				*D*57以内	*D*133以内	*D*426以内	*D*426以外	
预算基价	总价(元)			**2730.87**	**1862.82**	**1569.87**	**1154.07**	**1209.42**
	人工费(元)			2408.40	1540.35	1247.40	831.60	886.95
	材料费(元)			322.47	322.47	322.47	322.47	322.47
组成内容		**单位**	**单价**	**数量**				
人工	综合工	工日	135.00	17.84	11.41	9.24	6.16	6.57
材料	聚苯乙烯泡沫塑料板	m^3	—	(1.3)	(1.3)	(1.3)	(1.3)	(1.3)
	胶粘剂	kg	—	(30)	(30)	(30)	(30)	(30)
	聚氯乙烯薄膜	kg	12.44	2	2	2	2	2
	木板	m^3	1672.03	0.01	0.01	0.01	0.01	0.01
	电阻丝 *D*0.3	kg	151.35	0.2	0.2	0.2	0.2	0.2
	电	kW·h	0.73	70	70	70	70	70
	丙酮	kg	9.89	20	20	20	20	20
	模具费	元	—	0.60	0.60	0.60	0.60	0.60
	零星材料费	元	—	1.10	1.10	1.10	1.10	1.10

十、聚苯乙烯泡沫瓦块安装

工作内容：运料、涂胶粘剂、粘接、安装瓦块、绑钢丝、修整找平、抹缝(或塞缝)。 **单位：**m^3

编号				11-323	11-324	11-325	11-326	11-327	11-328
项目				管道				设备	
				D57以内	D133以内	D426以内	D426以外	立式	卧式
预算基价	总价(元)			**921.99**	**495.07**	**442.35**	**388.57**	**433.46**	**541.46**
	人工费(元)			832.95	415.80	361.80	307.80	329.40	437.40
	材料费(元)			89.04	79.27	80.55	80.77	104.06	104.06
组成内容		**单位**	**单价**	**数量**					
人工	综合工	工日	135.00	6.17	3.08	2.68	2.28	2.44	3.24
材料	聚苯乙烯泡沫塑料瓦块	m^3	—	(1.02)	(1.02)	(1.02)	(1.02)	(1.02)	(1.02)
	石膏粉	kg	0.94	6	6	6	6	6	6
	白漆	kg	17.58	3	3	3	3	3	3
	镀锌钢丝 *D*1.2~2.2	kg	7.13	4.30	2.93	3.11	—	—	—
	镀锌钢丝 *D*2.8~4.0	kg	6.91	—	—	—	3.24	6.61	6.61

十一、聚苯乙烯泡沫板材安装

工作内容：运料、下料、涂胶粘剂、粘接、安装、绑钢丝（包铁角或铁皮箍）、修整找平。

单位：m^3

编号				11-329	11-330	11-331	11-332
项目				设备			方、矩形通风管道
				立式	卧式	球罐	
预算基价	总价（元）			**1538.39**	**1624.79**	**1853.22**	**744.51**
	人工费（元）			1337.85	1424.25	1539.00	625.05
	材料费（元）			200.54	200.54	314.22	119.46
组成内容		单位	单价	数量			
人工	综合工	工日	135.00	9.91	10.55	11.40	4.63
材料	聚苯乙烯塑料板	m^3	—	(1.20)	(1.20)	(1.20)	—
	聚苯乙烯泡沫塑料板	m^3	—	—	—	—	(1.200)
	电阻丝 $D0.3$	kg	151.35	0.1	0.1	0.1	—
	电	kW·h	0.73	35	35	35	35
	石膏粉	kg	0.94	6	6	12	6
	白漆	kg	17.58	3	3	6	3
	醋酸酊酯	kg	21.92	2.5	2.5	5.0	0.5
	镀锌钢丝 $D2.8$～4.0	kg	6.91	6.61	6.61	6.61	—
	铁皮箍	kg	2.25	—	—	—	3
	普碳钢板（综合）	kg	4.18	—	—	—	4.000
	电阻丝	根	11.04	—	—	—	0.100
	零星材料费	元	—	1.00	1.00	1.50	—

十二、岩棉瓦块安装

工作内容：运料、安装瓦块、绑钢丝、修理找平。

单位：m^3

编号				11-333	11-334	11-335	11-336
项目				管道			
				*D*57以内	*D*133以内	*D*426以内	*D*426以外
预算基价	总价(元)			**863.61**	**436.69**	**383.97**	**330.19**
	人工费(元)			832.95	415.80	361.80	307.80
	材料费(元)			30.66	20.89	22.17	22.39
组成内容		单位	单价	数量			
人工	综合工	工日	135.00	6.17	3.08	2.68	2.28
材料	岩棉瓦块	m^3	—	(1.03)	(1.03)	(1.03)	(1.03)
	镀锌钢丝 *D*1.2～2.2	kg	7.13	4.30	2.93	3.11	—
	镀锌钢丝 *D*2.8～4.0	kg	6.91	—	—	—	3.24

十三、岩棉板材安装

工作内容：运料、割料、安装、捆扎钢丝、修理整平。

单位：m^3

编号			11-337	11-338	11-339	11-340	11-341	11-342	11-343
项目			管道(40mm厚)				设备(40mm厚)		
			*D*57以内	*D*133以内	*D*426以内	*D*426以外	立式	卧式	球罐
预算基价	总价(元)		**920.31**	**633.79**	**587.82**	**874.24**	**1039.67**	**1180.07**	**1384.20**
	人工费(元)		889.65	612.90	565.65	851.85	962.55	1102.95	1254.15
	材料费(元)		30.66	20.89	22.17	22.39	77.12	77.12	130.05
组成内容	**单位**	**单价**	**数量**						
人工 综合工	工日	135.00	6.59	4.54	4.19	6.31	7.13	8.17	9.29
材料 岩棉板 40厚	m^3	—	(1.03)	(1.03)	(1.03)	(1.03)	(1.03)	(1.03)	(1.03)
镀锌钢丝 *D*1.2～2.2	kg	7.13	4.30	2.93	3.11	—	—	—	—
镀锌钢丝 *D*2.8～4.0	kg	6.91	—	—	—	3.24	11.16	11.16	18.82

工作内容：运料、割料、安装、捆扎钢丝、修理整平。

单位：m^3

编号				11-344	11-345	11-346	11-347	11-348	11-349	11-350
项目				管道(50mm厚)				设备(50mm厚)		
				*D*57以内	*D*133以内	*D*426以内	*D*426以外	立式	卧式	球罐
预算基价	总价(元)			**698.91**	**558.19**	**545.97**	**728.44**	**852.02**	**1038.32**	**1210.05**
	人工费(元)			668.25	537.30	523.80	706.05	774.90	961.20	1080.00
	材料费(元)			30.66	20.89	22.17	22.39	77.12	77.12	130.05
组成内容		**单位**	**单价**	**数量**						
人工	综合工	工日	135.00	4.95	3.98	3.88	5.23	5.74	7.12	8.00
材料	岩棉板	m^3	—	(1.03)	(1.03)	(1.03)	(1.03)	(1.03)	(1.03)	(1.03)
	镀锌钢丝 *D*1.2～2.2	kg	7.13	4.30	2.93	3.11	—	—	—	—
	镀锌钢丝 *D*2.8～4.0	kg	6.91	—	—	—	3.24	11.16	11.16	18.82

工作内容：运料、割料、安装、捆扎钢丝、修理整平。

单位：m^3

编号				11-351	11-352	11-353	11-354	11-355	11-356	11-357
项目				管道(60mm厚)				设备(60mm厚)		
				*D*57以内	*D*133以内	*D*426以内	*D*426以外	立式	卧式	球罐
预算基价	总价(元)			**593.61**	**475.84**	**463.62**	**617.74**	**723.77**	**835.82**	**991.35**
	人工费(元)			562.95	454.95	441.45	595.35	646.65	758.70	861.30
	材料费(元)			30.66	20.89	22.17	22.39	77.12	77.12	130.05
组成内容		单位	单价	数量						
人工	综合工	工日	135.00	4.17	3.37	3.27	4.41	4.79	5.62	6.38
材料	岩棉板	m^3	—	(1.03)	(1.03)	(1.03)	(1.03)	(1.03)	(1.03)	(1.03)
	镀锌钢丝 *D*1.2～2.2	kg	7.13	4.30	2.93	3.11	—	—	—	—
	镀锌钢丝 *D*2.8～4.0	kg	6.91	—	—	—	3.24	11.16	11.16	18.82

工作内容：运料、割料、安装、捆扎钢丝、修理整平。 **单位**：m^3

编号				11-358	11-359	11-360	11-361	11-362	11-363	11-364
项目				管道（80mm厚）				设备（80mm厚）		
				*D*57以内	*D*133以内	*D*426以内	*D*426以外	立式	卧式	球罐
预算基价	总价（元）			**427.56**	**350.29**	**359.67**	**478.69**	**572.57**	**642.77**	**794.25**
	人工费（元）			396.90	329.40	337.50	456.30	495.45	565.65	664.20
	材料费（元）			30.66	20.89	22.17	22.39	77.12	77.12	130.05
组成内容		**单位**	**单价**	**数量**						
人工	综合工	工日	135.00	2.94	2.44	2.50	3.38	3.67	4.19	4.92
材料	岩棉板	m^3	—	(1.03)	(1.03)	(1.03)	(1.03)	(1.03)	(1.03)	(1.03)
	镀锌钢丝 *D*1.2~2.2	kg	7.13	4.30	2.93	3.11	—	—	—	—
	镀锌钢丝 *D*2.8~4.0	kg	6.91	—	—	—	3.24	11.16	11.16	18.82

工作内容：运料、割料、安装、捆扎钢丝、修理整平。 **单位：**m^3

编号				11-365	11-366	11-367	11-368	11-369	11-370	11-371	11-372
项目				管道（100mm厚）			设备（100mm厚）			设备（25mm厚）	
				D133以内	D426以内	D426以外	立式	卧式	球罐	立式	卧式
预算基价	总价（元）			**294.94**	**324.57**	**411.19**	**479.42**	**534.77**	**672.75**	**1599.92**	**1968.47**
	人工费（元）			274.05	302.40	388.80	402.30	457.65	542.70	1522.80	1891.35
	材料费（元）			20.89	22.17	22.39	77.12	77.12	130.05	77.12	77.12
组成内容		单位	单价	数量							
人工	综合工	工日	135.00	2.03	2.24	2.88	2.98	3.39	4.02	11.28	14.01
材料	岩棉板	m^3	—	(1.03)	(1.03)	(1.03)	(1.03)	(1.03)	(1.03)	(1.03)	(1.03)
	镀锌钢丝 D1.2～2.2	kg	7.13	2.93	3.11	—	—	—	—	—	—
	镀锌钢丝 D2.8～4.0	kg	6.91	—	—	3.24	11.16	11.16	18.82	11.16	11.16

十四、岩(矿)棉带安装

工作内容：运输、缠绕、安装、绑钢丝、修理整平。

单位：m³

编号				11-373	11-374	11-375	11-376
项目				管道			
				*D*57以内	*D*133以内	*D*426以内	*D*426以外
预算基价	总价(元)			**613.86**	**374.59**	**366.42**	**392.29**
	人工费(元)			583.20	353.70	344.25	369.90
	材料费(元)			30.66	20.89	22.17	22.39
组成内容		**单位**	**单价**	**数量**			
人工	综合工	工日	135.00	4.32	2.62	2.55	2.74
材料	岩(矿)棉带	m³	—	(1.02)	(1.02)	(1.02)	(1.02)
	镀锌钢丝 *D*1.2～2.2	kg	7.13	4.30	2.93	3.11	—
	镀锌钢丝 *D*2.8～4.0	kg	6.91	—	—	—	3.24

十五、矿棉瓦块安装

工作内容：运料、安装瓦块、绑钢丝、修理找平。　　　　**单位：**m^3

编号				11-377	11-378	11-379	11-380
项目				管道			
				*D*57以内	*D*133以内	*D*426以内	*D*426以外
预算基价	总价(元)			**863.61**	**436.69**	**383.97**	**330.19**
	人工费(元)			832.95	415.80	361.80	307.80
	材料费(元)			30.66	20.89	22.17	22.39
组成内容		**单位**	**单价**	**数量**			
人工	综合工	工日	135.00	6.17	3.08	2.68	2.28
材料	矿棉瓦块	m^3	—	(1.03)	(1.03)	(1.03)	(1.03)
	镀锌钢丝 *D*1.2～2.2	kg	7.13	4.30	2.93	3.11	—
	镀锌钢丝 *D*2.8～4.0	kg	6.91	—	—	—	3.24

十六、设备矿棉席安装

工作内容： 运料、下料、包棉席、绑钢丝、修整找平。　　　　**单位：** m³

编号				11-381	11-382	11-383	11-384	11-385	11-386
项目				40mm厚			60mm厚		
				立式	卧式	球罐	立式	卧式	球罐
预算基价	总价(元)			**780.81**	**887.46**	**1031.85**	**547.26**	**617.46**	**744.30**
	人工费(元)			700.65	807.30	901.80	467.10	537.30	614.25
	材料费(元)			80.16	80.16	130.05	80.16	80.16	130.05
组成内容		**单位**	**单价**	**数量**					
人工	综合工	工日	135.00	5.19	5.98	6.68	3.46	3.98	4.55
材料	矿渣棉席	m³	—	(1.02)	(1.02)	(1.02)	(1.02)	(1.02)	(1.02)
	镀锌钢丝 $D2.8\sim4.0$	kg	6.91	11.60	11.60	18.82	11.60	11.60	18.82

工作内容：运料、下料、包棉席、绑钢丝、修整找平。 **单位：**m^3

编号				11-387	11-388	11-389	11-390	11-391	11-392
项目				80mm厚			100mm厚		
				立式	卧式	球罐	立式	卧式	球罐
预算基价	总价(元)			**430.82**	**483.47**	**601.20**	**361.97**	**402.47**	**513.45**
	人工费(元)			353.70	406.35	471.15	284.85	325.35	383.40
	材料费(元)			77.12	77.12	130.05	77.12	77.12	130.05
组成内容		单位	单价	数量					
人工	综合工	工日	135.00	2.62	3.01	3.49	2.11	2.41	2.84
材料	矿渣棉席	m^3	—	(1.02)	(1.02)	(1.02)	(1.02)	(1.02)	(1.02)
	镀锌钢丝 $D2.8\sim4.0$	kg	6.91	11.16	11.16	18.82	11.16	11.16	18.82

十七、软木瓦块加工制作

工作内容： 下料、熬沥青、粘制瓦块、堆放。　　　　**单位：** m³

编号				11-393	11-394	11-395	11-396
项目				管道			
				D57以内	D133以内	D426以内	D426以外
预算基价	总价(元)			**2209.40**	**1371.05**	**982.25**	**790.55**
	人工费(元)			2012.85	1174.50	785.70	594.00
	材料费(元)			116.06	116.06	116.06	116.06
	机械费(元)			80.49	80.49	80.49	80.49
组成内容		**单位**	**单价**	**数量**			
人工	综合工	工日	135.00	14.91	8.70	5.82	4.40
材料	软木板	m³	—	(1.16)	(1.16)	(1.16)	(1.16)
	石油沥青 10#	kg	4.04	26	26	26	26
	木柴	kg	1.03	10	10	10	10
	零星材料费	元	—	0.72	0.72	0.72	0.72
机械	木工圆锯机 D600	台班	35.46	2.27	2.27	2.27	2.27

十八、软木瓦块安装

工作内容：运料、熬沥青、涂沥青、安装瓦块、绑钢丝、修理找平。 **单位：**m^3

编号				11-397	11-398	11-399	11-400
项目				管道			
				D57以内	D133以内	D426以内	D426以外
预算基价	总价(元)			**812.79**	**631.57**	**505.96**	**438.67**
	人工费(元)			625.05	453.60	326.70	259.20
	材料费(元)			187.74	177.97	179.26	179.47
组成内容		单位	单价	数量			
人工	综合工	工日	135.00	4.63	3.36	2.42	1.92
材料	软木瓦块	m^3	—	(1.03)	(1.03)	(1.03)	(1.03)
	石油沥青 10#	kg	4.04	35	35	35	35
	镀锌钢丝 D1.2～2.2	kg	7.13	4.30	2.93	3.11	—
	镀锌钢丝 D2.8～4.0	kg	6.91	—	—	—	3.24
	煤	t	527.83	0.018	0.018	0.018	0.018
	木柴	kg	1.03	6	6	6	6

十九、软木板材安装

工作内容：运料、熬沥青、涂沥青、安装瓦块、绑钢丝（包铁角或铁皮箍）、修整找平。 **单位**：m^3

编号				11-401	11-402	11-403	11-404	11-405	11-406
项目				设备					
				40mm厚		60mm厚		球罐	通风管道
				立式	卧式	立式	卧式		
预算基价	总价(元)			**1431.64**	**1447.84**	**570.34**	**585.19**	**1708.39**	**1196.73**
	人工费(元)			1165.05	1181.25	303.75	318.60	1441.80	953.10
	材料费(元)			202.76	202.76	202.76	202.76	202.76	179.80
	机械费(元)			63.83	63.83	63.83	63.83	63.83	63.83
组成内容		**单位**	**单价**	**数量**					
人工	综合工	工日	135.00	8.63	8.75	2.25	2.36	10.68	7.06
材料	软木板	m^3	—	(1.12)	(1.12)	(1.12)	(1.12)	(1.12)	(1.12)
	石油沥青 10#	kg	4.04	35	35	35	35	35	35
	煤	t	527.83	0.018	0.018	0.018	0.018	0.018	0.018
	木柴	kg	1.03	6	6	6	6	6	6
	镀锌钢丝 D2.8～4.0	kg	6.91	6.61	6.61	6.61	6.61	6.61	—
	普碳钢板 Q195～Q235 δ1.0～1.5	t	3992.69	—	—	—	—	—	0.004
	铁皮箍	kg	2.25	—	—	—	—	—	3
机械	木工圆锯机 D600	台班	35.46	1.80	1.80	1.80	1.80	1.80	1.80

二十、玻璃棉毡安装

工作内容：运料、下料、包棉毡、绑钢丝、修整找平。 **单位：**m^3

编号				11-407	11-408	11-409	11-410	11-411	11-412	11-413
项目				管道				设备		
				D57以内	D133以内	D426以内	D426以外	立式	卧式	球罐
预算基价	总价(元)			**399.48**	**252.95**	**246.51**	**237.58**	**274.22**	**287.72**	**359.55**
	人工费(元)			373.95	230.85	218.70	209.25	197.10	210.60	229.50
	材料费(元)			25.53	22.10	27.81	28.33	77.12	77.12	130.05
组成内容		**单位**	**单价**	**数量**						
人工	综合工	工日	135.00	2.77	1.71	1.62	1.55	1.46	1.56	1.70
材料	玻璃棉毡	m^3	—	(1.05)	(1.05)	(1.05)	(1.05)	(1.03)	(1.03)	(1.03)
	镀锌钢丝 D1.2～2.2	kg	7.13	3.58	3.10	3.90	—	—	—	—
	镀锌钢丝 D2.8～4.0	kg	6.91	—	—	—	4.10	11.16	11.16	18.82

工作内容：运料、下料、包棉毡、绑钢丝、修整找平。 **单位：**m^3

编号				11-414	11-415	11-416	11-417
项目				通风管道			
				40mm厚	60mm厚	80mm厚	100mm厚
预算基价	总价(元)			**354.82**	**276.52**	**226.57**	**196.87**
	人工费(元)			332.10	253.80	203.85	174.15
	材料费(元)			22.72	22.72	22.72	22.72
组成内容		**单位**	**单价**	**数量**			
人工	综合工	工日	135.00	2.46	1.88	1.51	1.29
材料	玻璃棉毡	m^3	—	(1.04)	(1.04)	(1.04)	(1.04)
	普碳钢板 Q195～Q235 δ1.0～1.5	t	3992.69	0.004	0.004	0.004	0.004
	铁皮箍	kg	2.25	3	3	3	3

二十一、牛毛毡安装

工作内容：下料、包毡、绑钢丝、修整找平。 **单位：**m³

编号				11-418	11-419	11-420	11-421
项目				管道			
				*D*57以内	*D*133以内	*D*426以内	*D*426以外
预算基价	总价(元)			**399.48**	**252.95**	**246.51**	**237.58**
	人工费(元)			373.95	230.85	218.70	209.25
	材料费(元)			25.53	22.10	27.81	28.33
组成内容		**单位**	**单价**	**数量**			
人工	综合工	工日	135.00	2.77	1.71	1.62	1.55
材料	牛毛毡 $\delta3\sim5$	m³	—	(1.04)	(1.04)	(1.04)	(1.04)
	镀锌钢丝 $D1.2\sim2.2$	kg	7.13	3.58	3.10	3.90	—
	镀锌钢丝 $D2.8\sim4.0$	kg	6.91	—	—	—	4.10

工作内容：下料、包毡、绑钢丝、修整找平。　　　　**单位**：m^3

编号			11-422	11-423	11-424	11-425	11-426	11-427	11-428
项目			设备			通风管道(mm厚)			
			立式	卧式	球罐	40	60	80	100
预算基价	总价(元)		**274.22**	**287.72**	**359.55**	**354.82**	**276.52**	**226.57**	**196.87**
	人工费(元)		197.10	210.60	229.50	332.10	253.80	203.85	174.15
	材料费(元)		77.12	77.12	130.05	22.72	22.72	22.72	22.72
组成内容	**单位**	**单价**	**数量**						
人工 综合工	工日	135.00	1.46	1.56	1.70	2.46	1.88	1.51	1.29
材料 牛毛毡 $\delta3\sim5$	m^3	—	(1.03)	(1.03)	(1.03)	(1.04)	(1.04)	(1.04)	(1.04)
镀锌钢丝 $D2.8\sim4.0$	kg	6.91	11.16	11.16	18.82	—	—	—	—
普碳钢板 Q195～Q235 $\delta1.0\sim1.5$	t	3992.69	—	—	—	0.004	0.004	0.004	0.004
铁皮箍	kg	2.25	—	—	—	3	3	3	3

二十二、超细玻璃棉管壳安装

工作内容： 运料、下料、安装、绑钢丝、修整找平。

单位： m³

编号				11-429	11-430	11-431	11-432
项目				管道			
				*D*57以内	*D*133以内	*D*426以内	*D*426以外
预算基价	总价(元)			**1052.61**	**617.59**	**459.57**	**292.39**
	人工费(元)			1021.95	596.70	437.40	270.00
	材料费(元)			30.66	20.89	22.17	22.39
组成内容		**单位**	**单价**	**数量**			
人工	综合工	工日	135.00	7.57	4.42	3.24	2.00
材料	超细玻璃棉管壳	m³	—	(1.03)	(1.03)	(1.03)	(1.03)
	镀锌钢丝 *D*1.2～2.2	kg	7.13	4.30	2.93	3.11	—
	镀锌钢丝 *D*2.8～4.0	kg	6.91	—	—	—	3.24

二十三、超细玻璃棉安装

工作内容：运料、拆包、铺絮、安装、绑钢丝、修整找平。

单位：m^3

编号				11-433	11-434	11-435	11-436	11-437	11-438	11-439
项目				管道				设备		
				D57以内	D133以内	D426以内	D426以外	立式	卧式	球罐
预算基价	总价(元)			**472.38**	**296.15**	**288.36**	**276.73**	**321.53**	**410.63**	**489.80**
	人工费(元)			446.85	274.05	260.55	248.40	224.10	313.20	340.20
	材料费(元)			25.53	22.10	27.81	28.33	97.43	97.43	149.60
组成内容		**单位**	**单价**	**数量**						
人工	综合工	工日	135.00	3.31	2.03	1.93	1.84	1.66	2.32	2.52
材料	酚醛超细玻璃棉	kg	—	(60)	(60)	(60)	(60)	(60)	(60)	(60)
	镀锌钢丝 $D1.2\sim2.2$	kg	7.13	3.58	3.10	3.90	—	—	—	—
	镀锌钢丝 $D2.8\sim4.0$	kg	6.91	—	—	—	4.10	14.10	14.10	21.65

二十四、超细玻璃棉席制作

工作内容：木模制作、铺平压实超细玻璃棉、钢丝网下料、缝制。 **单位：**m³

编号				11-440	11-441	11-442	11-443	11-444	11-445
项目				40mm厚	60mm厚	80mm厚	100mm厚	120mm厚	150mm厚
预算基价	总价(元)			**1587.69**	**1221.56**	**1023.60**	**893.55**	**798.41**	**722.38**
	人工费(元)			849.15	606.15	534.60	473.85	429.30	399.60
	材料费(元)			738.54	615.41	489.00	419.70	369.11	322.78
组成内容		**单位**	**单价**	**数量**					
人工	综合工	工日	135.00	6.29	4.49	3.96	3.51	3.18	2.96
材料	超细玻璃棉	kg	—	(60)	(60)	(60)	(60)	(60)	(60)
	镀锌钢丝 $D0.7\sim1.2$	kg	7.34	3.24	2.16	1.60	1.30	1.10	1.10
	镀锌钢丝网 25×25×0.7	m²	12.66	55.56	46.46	36.80	31.50	27.62	23.96
	木板	m³	1672.03	0.006	0.006	0.006	0.006	0.006	0.006
	圆钉	kg	6.68	0.2	0.2	0.2	0.2	0.2	0.2

二十五、超细玻璃棉席安装

工作内容：割料、包棉席、绑钢丝。　　　　**单位：**m³

编号				11-446	11-447	11-448	11-449	11-450	11-451	11-452	11-453	11-454
项目				40mm厚			60mm厚			80mm厚		
				立式	卧式	球罐	立式	卧式	球罐	立式	卧式	球罐
预算基价	总价(元)			**994.76**	**1128.41**	**1245.86**	**701.81**	**792.26**	**888.11**	**562.76**	**624.86**	**708.56**
	人工费(元)			895.05	1028.70	1146.15	602.10	692.55	788.40	463.05	525.15	608.85
	材料费(元)			99.71	99.71	99.71	99.71	99.71	99.71	99.71	99.71	99.71
组成内容		单位	单价	数量								
人工	综合工	工日	135.00	6.63	7.62	8.49	4.46	5.13	5.84	3.43	3.89	4.51
材料	超细玻璃棉席	m³	—	(1.02)	(1.02)	(1.02)	(1.02)	(1.02)	(1.02)	(1.02)	(1.02)	(1.02)
	镀锌钢丝 $D2.8\sim4.0$	kg	6.91	14.43	14.43	14.43	14.43	14.43	14.43	14.43	14.43	14.43

工作内容：割料、包棉席、绑钢丝。　　　　**单位：**m^3

编号				11-455	11-456	11-457	11-458	11-459	11-460
项目				100mm厚			120mm厚		
				立式	卧式	球罐	立式	卧式	球罐
预算基价	总价(元)			**475.01**	**524.96**	**599.21**	**419.66**	**464.21**	**530.36**
	人工费(元)			375.30	425.25	499.50	319.95	364.50	430.65
	材料费(元)			99.71	99.71	99.71	99.71	99.71	99.71
组成内容		**单位**	**单价**	**数量**					
人工	综合工	工日	135.00	2.78	3.15	3.70	2.37	2.70	3.19
材料	超细玻璃棉席	m^3	—	(1.02)	(1.02)	(1.02)	(1.02)	(1.02)	(1.02)
	镀锌钢丝 *D*2.8～4.0	kg	6.91	14.43	14.43	14.43	14.43	14.43	14.43

二十六、阀门及法兰棉毡、席安装

工作内容：下料、包扎、安装、捆钢丝、修理整平。　　　　**单位：**10个

编号				11-461	11-462	11-463	11-464	11-465	11-466	11-467	11-468
项目				阀门				法兰			
				$D57$ 以内	$D133$ 以内	$D426$ 以内	$D426$ 以外	$D57$ 以内	$D133$ 以内	$D426$ 以内	$D426$ 以外
预算基价	总价(元)			**251.97**	**449.45**	**3579.95**	**4660.38**	**143.40**	**682.03**	**994.26**	**1287.10**
	人工费(元)			248.40	438.75	3508.65	4403.70	137.70	664.20	969.30	1251.45
	材料费(元)			3.57	10.70	71.30	256.68	5.70	17.83	24.96	35.65
组成内容		**单位**	**单价**	**数量**							
人工	综合工	工日	135.00	1.84	3.25	25.99	32.62	1.02	4.92	7.18	9.27
材料	棉毡、席	m^3	—	(0.08)	(0.16)	(1.30)	(5.20)	(0.05)	(0.22)	(0.37)	(0.50)
	镀锌钢丝 $D1.2\sim2.2$	kg	7.13	0.5	1.5	10.0	36.0	0.8	2.5	3.5	5.0

二十七、聚氨酯泡沫塑料喷涂发泡

1.设备聚氨酯泡沫塑料喷涂发泡

工作内容：运料、现场施工准备、配料、喷涂、修理整平、设备机具维修。 **单位：**m^3

	编　　号			11-469	11-470	11-471	11-472	11-473	11-474
	项　　目			立式设备(厚度mm)			卧式设备(厚度mm)		
				50以内	100以内	100以外	50以内	100以内	100以外
预算基价	总　　价(元)			**491.03**	**476.18**	**443.78**	**543.68**	**507.23**	**472.13**
	人 工 费(元)			378.00	363.15	330.75	430.65	394.20	359.10
	材 料 费(元)			49.45	49.45	49.45	49.45	49.45	49.45
	机 械 费(元)			63.58	63.58	63.58	63.58	63.58	63.58
	组 成 内 容	**单位**	**单价**	**数　　量**					
人工	综合工	工日	135.00	2.80	2.69	2.45	3.19	2.92	2.66
材料	可发性聚氨酯泡沫塑料	m^3	—	(62.500)	(62.500)	(62.500)	(62.500)	(62.500)	(62.500)
	丙酮	kg	9.89	5.000	5.000	5.000	5.000	5.000	5.000
机械	电动空气压缩机 $3m^3$	台班	123.57	0.400	0.400	0.400	0.400	0.400	0.400
	喷涂机	台班	35.38	0.400	0.400	0.400	0.400	0.400	0.400

工作内容：运料、现场施工准备、配料、喷涂、修理整平、设备机具维修。 **单位：**m³

编号				11-475	11-476	11-477
项目				球形设备(厚度mm)		
				50以内	100以内	100以外
预算基价	总价(元)			**543.68**	**507.23**	**472.13**
	人工费(元)			430.65	394.20	359.10
	材料费(元)			49.45	49.45	49.45
	机械费(元)			63.58	63.58	63.58
组成内容		**单位**	**单价**	**数量**		
人工	综合工	工日	135.00	3.19	2.92	2.66
材料	可发性聚氨酯泡沫塑料	m³	—	(62.500)	(62.500)	(62.500)
	丙酮	kg	9.89	5.000	5.000	5.000
机械	电动空气压缩机 3m³	台班	123.57	0.400	0.400	0.400
	喷涂机	台班	35.38	0.400	0.400	0.400

2.管道聚氨酯泡沫塑料喷涂发泡

工作内容：运料、现场施工准备、配料、喷涂、修理找平、设备机具维修。 **单位：**m^3

编号				11-478	11-479	11-480	11-481	11-482	11-483
项目				*D*57以内			*D*133以内		
				厚度(mm)					
				40	60	80	40	60	80
预算基价	总价(元)			**981.12**	**844.77**	**971.67**	**790.80**	**601.80**	**736.80**
	人工费(元)			851.85	715.50	842.40	662.85	473.85	608.85
	材料费(元)			62.51	62.51	62.51	64.37	64.37	64.37
	机械费(元)			66.76	66.76	66.76	63.58	63.58	63.58
组成内容		**单位**	**单价**	**数量**					
人工	综合工	工日	135.00	6.31	5.30	6.24	4.91	3.51	4.51
材料	组合聚醚	kg	—	(29.664)	(29.664)	(29.664)	(29.664)	(29.664)	(29.664)
	异氰酸酯	kg	—	(32.636)	(32.636)	(32.636)	(32.636)	(32.636)	(32.636)
	高密度聚乙烯管壳 $\delta3$	kg	—	(110.290)	(78.010)	(51.690)	(94.700)	(66.930)	(44.470)
	丙酮	kg	9.89	5.000	5.000	5.000	5.000	5.000	5.000
	热轧薄钢板 $\delta0.5\sim1.0$	kg	3.73	3.500	3.500	3.500	4.000	4.000	4.000
机械	电动空气压缩机 $3m^3$	台班	123.57	0.420	0.420	0.420	0.400	0.400	0.400
	喷涂机	台班	35.38	0.420	0.420	0.420	0.400	0.400	0.400

工作内容：运料、现场施工准备、配料、喷涂、修理找平、设备机具维修。　　　　**单位：**m^3

编　号				11-484	11-485	11-486	11-487	11-488	11-489
项　目				*D*325以内			*D*530以内		
				厚度(mm)					
				40	60	80	40	60	80
预算基价	总　价(元)			**440.41**	**345.91**	**282.46**	**364.85**	**302.75**	**260.90**
	人　工　费(元)			305.10	210.60	147.15	230.85	168.75	126.90
	材　料　费(元)			74.91	74.91	74.91	76.78	76.78	76.78
	机　械　费(元)			60.40	60.40	60.40	57.22	57.22	57.22
组 成 内 容		单位	单价	数　量					
人工	综合工	工日	135.00	2.26	1.56	1.09	1.71	1.25	0.94
材料	组合聚醚	kg	—	(29.664)	(29.664)	(29.664)	(29.664)	(29.664)	(29.664)
	异氰酸酯	kg	—	(32.636)	(32.636)	(32.636)	(32.636)	(32.636)	(32.636)
	高密度聚乙烯管壳 $\delta 3$	kg	—	(141.700)	(98.240)	(63.300)	(135.640)	(93.000)	(58.820)
	丙酮	kg	9.89	5.500	5.500	5.500	5.500	5.500	5.500
	热轧薄钢板 $\delta 0.5 \sim 1.0$	kg	3.73	5.500	5.500	5.500	6.000	6.000	6.000
机械	电动空气压缩机 $3m^3$	台班	123.57	0.380	0.380	0.380	0.360	0.360	0.360
	喷涂机	台班	35.38	0.380	0.380	0.380	0.360	0.360	0.360

工作内容：运料、现场施工准备、配料、喷涂、修理找平、设备机具维修。　　　　**单位：**m^3

编　号				11-490	11-491	11-492
项　目				D630以内		
				厚度(mm)		
				40	60	80
预算基价	总　价(元)			**350.45**	**255.95**	**170.90**
	人 工 费(元)			221.40	126.90	41.85
	材 料 费(元)			71.83	71.83	71.83
	机 械 费(元)			57.22	57.22	57.22
组 成 内 容		**单位**	**单价**	**数　量**		
人工	综合工	工日	135.00	1.64	0.94	0.31
材料	组合聚醚	kg	—	(29.664)	(29.664)	(29.664)
	异氰酸酯	kg	—	(32.636)	(32.636)	(32.636)
	高密度聚乙烯管壳 δ3	kg	—	(132.890)	(90.580)	(56.700)
	丙酮	kg	9.89	5	5	5
	热轧薄钢板 δ0.5～1.0	kg	3.73	6.000	6.000	6.000
机械	电动空气压缩机 $3m^3$	台班	123.57	0.36	0.36	0.36
	喷涂机	台班	35.38	0.36	0.36	0.36

3.管道聚氨酯泡沫喷涂发泡补口安装

工作内容：运料、现场施工准备、配料、喷涂、修理找平、设备机具维修。 **单位：**口

编号				11-493	11-494	11-495	11-496	11-497	11-498
项目				D57以内			D133以内		
				厚度(mm)					
				40	60	80	40	60	80
预算基价	总价(元)			**27.18**	**28.61**	**30.06**	**28.76**	**30.33**	**30.54**
	人工费(元)			27.00	28.35	29.70	28.35	29.70	29.70
	材料费(元)			0.18	0.26	0.36	0.41	0.63	0.84
组成内容		**单位**	**单价**	**数量**					
人工	综合工	工日	135.00	0.20	0.21	0.22	0.21	0.22	0.22
材料	组合聚醚	kg	—	(0.090)	(0.134)	(0.178)	(0.208)	(0.312)	(0.416)
	异氰酸酯	kg	—	(0.098)	(0.147)	(0.196)	(0.229)	(0.344)	(0.458)
	高密度聚乙烯管壳 δ3	kg	—	(0.343)	(0.515)	(0.686)	(0.800)	(1.201)	(1.601)
	丙酮	kg	9.89	0.014	0.021	0.029	0.033	0.050	0.067
	热轧薄钢板 δ0.5～1.0	kg	3.73	0.010	0.015	0.020	0.023	0.035	0.047

工作内容：运料、现场施工准备、配料、喷涂、修理找平、设备机具维修。

单位：口

编号				11-499	11-500	11-501	11-502	11-503	11-504
项目				*D*325以内			*D*530以内		
				厚度(mm)					
				40	60	80	40	60	80
预算基价	总价(元)			**33.42**	**35.29**	**37.14**	**36.25**	**38.85**	**41.45**
	人工费(元)			32.40	33.75	35.10	33.75	35.10	36.45
	材料费(元)			1.02	1.54	2.04	2.50	3.75	5.00
组成内容		**单位**	**单价**	**数量**					
人工	综合工	工日	135.00	0.24	0.25	0.26	0.25	0.26	0.27
材料	组合聚醚	kg	—	(0.509)	(0.763)	(1.018)	(1.245)	(1.867)	(2.489)
	异氰酸酯	kg	—	(0.560)	(0.840)	(1.120)	(1.369)	(2.054)	(2.739)
	高密度聚乙烯管壳 $\delta 3$	kg	—	(1.956)	(2.934)	(3.912)	(4.784)	(7.177)	(9.569)
	丙酮	kg	9.89	0.082	0.123	0.163	0.200	0.300	0.400
	热轧薄钢板 $\delta 0.5 \sim 1.0$	kg	3.73	0.057	0.086	0.114	0.140	0.210	0.280

工作内容：运料、现场施工准备、配料、喷涂、修理找平、设备机具维修。

单位：口

编号				11-505	11-506	11-507
项目				D630以内		
				厚度(mm)		
				40	60	80
预算基价	总价(元)			**39.84**	**42.89**	**45.94**
	人工费(元)			36.45	37.80	39.15
	材料费(元)			3.39	5.09	6.79
组成内容		**单位**	**单价**	**数量**		
人工	综合工	工日	135.00	0.27	0.28	0.29
材料	组合聚醚	kg	—	(1.691)	(2.536)	(3.382)
	异氰酸酯	kg	—	(1.860)	(2.790)	(3.720)
	高密度聚乙烯管壳 δ3	kg	—	(6.500)	(9.749)	(12.999)
	丙酮	kg	9.89	0.271	0.407	0.543
	热轧薄钢板 δ0.5～1.0	kg	3.73	0.190	0.285	0.380

二十八、保护层安装

工作内容：1.剪布、卷布、缠布、绑钢丝。2.裁油毡纸、包油毡纸、熬沥青、粘缝、绑钢丝。3.下料、包网、绑钢丝。

单位：10m²

编号				11-508	11-509	11-510	11-511	11-512	11-513	11-514	11-515	11-516	11-517
项目				玻璃布		塑料布		麻袋布		油毡纸		钢丝网	
				管道	设备	管道	设备	管道	设备	管道	设备	管道	设备
预算基价	总价(元)			**93.85**	**88.45**	**73.55**	**68.15**	**259.19**	**253.79**	**71.10**	**70.76**	**275.67**	**241.04**
	人工费(元)			45.90	40.50	45.90	40.50	45.90	40.50	47.25	47.25	121.50	93.15
	材料费(元)			47.95	47.95	27.65	27.65	213.29	213.29	23.85	23.51	154.17	147.89
组成内容		**单位**	**单价**	**数量**									
人工	综合工	工日	135.00	0.34	0.30	0.34	0.30	0.34	0.30	0.35	0.35	0.90	0.69
材料	玻璃丝布 $\delta0.5$	m²	3.41	14	14	—	—	—	—	—	—	—	—
	塑料布	m²	1.96	—	—	14	14	—	—	—	—	—	—
	麻袋布	m²	15.22	—	—	—	—	14	14	—	—	—	—
	油毡纸	m²	0.67	—	—	—	—	—	—	14.0	13.5	—	—
	镀锌钢丝网 10×10×0.9	m²	12.55	—	—	—	—	—	—	—	—	12.00	11.50
	镀锌钢丝 $D1.2 \sim 2.2$	kg	7.13	0.03	0.03	0.03	0.03	0.03	0.03	0.42	0.42	0.50	0.50
	石油沥青 10#	kg	4.04	—	—	—	—	—	—	1.83	1.83	—	—
	木柴	kg	1.03	—	—	—	—	—	—	1.5	1.5	—	—
	破布	kg	5.07	—	—	—	—	—	—	0.500	0.500	—	—

工作内容：合灰、抹灰、压光。

单位：10m²

编号				11-518	11-519	11-520	11-521	11-522	11-523
项目				石棉水泥麻刀					
				管道(mm厚)			设备(mm厚)		
				10	15	20	10	15	20
预算基价	总价(元)			**1010.50**	**1496.19**	**2010.15**	**927.74**	**1355.84**	**1788.00**
	人工费(元)			182.25	253.80	353.70	122.85	148.50	178.20
	材料费(元)			826.16	1239.26	1652.27	802.80	1204.21	1605.62
	机械费(元)			2.09	3.13	4.18	2.09	3.13	4.18
组成内容		单位	单价	数量					
人工	综合工	工日	135.00	1.35	1.88	2.62	0.91	1.10	1.32
材料	硅酸盐水泥 42.5级	kg	0.41	36.04	54.06	72.08	35.02	52.53	70.04
	石棉灰 Ⅳ级	kg	1.01	84.69	127.04	169.34	82.30	123.45	164.59
	石棉绒（综合）	kg	12.32	55.86	83.79	111.72	54.28	81.42	108.56
	麻刀	kg	3.92	3.60	5.41	7.21	3.50	5.25	7.00
	防水粉	kg	4.21	5.41	8.11	10.81	5.25	7.88	10.51
	水	m³	7.62	0.10	0.15	0.20	0.10	0.15	0.20
机械	灰浆搅拌机 200L	台班	208.76	0.010	0.015	0.020	0.010	0.015	0.020

工作内容：合灰、抹灰、压光。

单位：10m²

编号				11-524	11-525	11-526	11-527	11-528	11-529
项目				石棉灰麻刀水泥					
				管道(mm厚)			设备(mm厚)		
				10	15	20	10	15	20
预算基价	总价(元)			**297.53**	**426.70**	**584.26**	**234.93**	**316.63**	**402.31**
	人工费(元)			182.25	253.80	353.70	122.85	148.50	178.20
	材料费(元)			113.19	169.77	226.38	109.99	165.00	219.93
	机械费(元)			2.09	3.13	4.18	2.09	3.13	4.18
组成内容		**单位**	**单价**	**数量**					
人工	综合工	工日	135.00	1.35	1.88	2.62	0.91	1.10	1.32
材料	硅酸盐水泥 42.5级	kg	0.41	171.19	256.79	342.38	166.35	249.52	332.69
	石棉灰 Ⅳ级	kg	1.01	26.18	39.27	52.36	25.44	38.16	50.80
	麻刀	kg	3.92	4.03	6.04	8.06	3.91	5.87	7.83
	水	m³	7.62	0.10	0.15	0.20	0.10	0.15	0.20
机械	灰浆搅拌机 200L	台班	208.76	0.010	0.015	0.020	0.010	0.015	0.020

工作内容：合灰、抹灰、压光。

单位：10m²

编号					11-530	11-531	11-532	11-533	11-534	11-535
项目					麻刀白灰					
					管道(mm厚)			设备(mm厚)		
					10	15	20	10	15	20
预算基价	总价(元)				**255.40**	**363.70**	**500.39**	**193.99**	**255.41**	**320.89**
	人工费(元)				182.25	253.80	353.70	122.85	148.50	178.20
	材料费(元)				71.06	106.77	142.51	69.05	103.78	138.51
	机械费(元)				2.09	3.13	4.18	2.09	3.13	4.18
组成内容			**单位**	**单价**	**数量**					
人工	综合工		工日	135.00	1.35	1.88	2.62	0.91	1.10	1.32
材料	麻刀		kg	3.92	5.47	8.20	10.94	5.31	7.97	10.63
	白灰		kg	0.30	164.13	246.21	328.28	159.50	239.24	318.99
	水		m³	7.62	0.05	0.10	0.15	0.05	0.10	0.15
机械	灰浆搅拌机 200L		台班	208.76	0.010	0.015	0.020	0.010	0.015	0.020

工作内容：合灰、抹灰、压光。　　**单位：**$10m^2$

编号				11-536	11-537	11-538	11-539	11-540	11-541
项目				石棉水泥抹面					
				管道(mm厚)			设备(mm厚)		
				10	15	20	10	15	20
预算基价	总价(元)			**392.71**	**539.10**	**719.26**	**295.21**	**384.77**	**478.37**
	人工费(元)			261.90	342.90	457.65	167.40	193.05	222.75
	材料费(元)			128.72	193.07	257.43	125.72	188.59	251.44
	机械费(元)			2.09	3.13	4.18	2.09	3.13	4.18
组成内容		单位	单价	数量					
人工	综合工	工日	135.00	1.94	2.54	3.39	1.24	1.43	1.65
材料	硅酸盐水泥 42.5级	kg	0.41	108.12	162.18	216.24	105.06	157.59	210.12
	石棉灰 Ⅳ级	kg	1.01	18.02	27.03	36.04	17.51	26.27	35.02
	石棉绒（综合）	kg	12.32	1.8	2.7	3.6	1.8	2.7	3.6
	水	m^3	7.62	0.10	0.15	0.20	0.10	0.15	0.20
	硅藻土粉 生料	kg	0.80	54.06	81.09	108.12	52.53	78.80	105.06
机械	灰浆搅拌机 200L	台班	208.76	0.010	0.015	0.020	0.010	0.015	0.020

工作内容： 运料、拌料、合灰、抹灰、压光。　　　　**单位：** 10m²

编号				11-542	11-543	11-544	11-545
项目				设备裙座涂抹防火土(mm厚)			
				10	15	20	50
预算基价	总价(元)			**424.67**	**603.93**	**841.93**	**1999.15**
	人工费(元)			160.65	207.90	319.95	679.05
	材料费(元)			261.93	392.90	517.80	1309.66
	机械费(元)			2.09	3.13	4.18	10.44
组成内容		**单位**	**单价**	**数量**			
人工	综合工	工日	135.00	1.19	1.54	2.37	5.03
材料	硅酸盐水泥 42.5级	kg	0.41	28.6	42.9	57.2	143.0
	石棉灰 Ⅳ级	kg	1.01	88.4	132.6	170.8	442.0
	石棉绒（综合）	kg	12.32	13.0	19.5	26.0	65.0
	水	m^3	7.62	0.10	0.15	0.20	0.50
机械	灰浆搅拌机 200L	台班	208.76	0.010	0.015	0.020	0.050

工作内容：1.钉口安装：实测、放样、下料、剪切、卷板、起鼓安装、上螺钉。2.挂口安装：实测、放样、下料、压口、预装、安装、局部钉钉。 **单位：**$10m^2$

编号				11-546	11-547	11-548	11-549	11-550	11-551	11-552
项目				金属薄板钉口安装			金属薄板挂口安装			铝箔保护层
				管道	一般设备	球形设备	管道	一般设备	球形设备	
预算基价	总价(元)			**551.56**	**534.21**	**862.07**	**832.45**	**810.51**	**949.42**	**318.46**
	人工费(元)			243.00	236.25	550.80	522.45	500.85	621.00	139.05
	材料费(元)			234.42	230.40	258.93	234.14	234.14	252.56	179.41
	机械费(元)			74.14	67.56	52.34	75.86	75.52	75.86	—
组成内容		**单位**	**单价**	**数量**						
人工	综合工	工日	135.00	1.80	1.75	4.08	3.87	3.71	4.60	1.03
材料	铝箔	m^2	12.80	—	—	—	—	—	—	14
	镀锌薄钢板 $\delta 0.5$	m^2	18.42	12.0	12.0	13.5	12.5	12.5	13.5	—
	自攻螺钉 M4×12	个	0.06	174	107	122	60	60	60	—
	钻头 $D3$	个	1.47	2.0	2.0	2.0	0.2	0.2	0.2	—
	镀锌钢丝（综合）	kg	7.16	—	—	—	—	—	—	0.030
机械	剪板机 20×2500	台班	329.03	0.120	0.100	0.050	0.120	0.120	0.120	—
	咬口机 1.5	台班	16.91	—	—	—	0.15	0.13	0.15	—
	卷扬机 单筒慢速 10kN	台班	199.03	0.170	0.170	0.170	0.170	0.170	0.170	—
	压鼓机	台班	20.55	0.040	0.040	0.100	—	—	—	—

二十九、抹面保护层安装

工作内容： 合灰、抹灰、压光。 **单位：** 10m²

编号				11-553	11-554	11-555	11-556	11-557
项目				管道(mm厚)			设备(mm厚)	
				10	15	20	15	20
预算基价	总价(元)			**224.84**	**301.48**	**410.53**	**174.58**	**205.33**
	人工费(元)			222.75	298.35	406.35	171.45	201.15
	机械费(元)			2.09	3.13	4.18	3.13	4.18
组成内容		**单位**	**单价**	**数量**				
人工	综合工	工日	135.00	1.65	2.21	3.01	1.27	1.49
材料	抹面材料	m^3	—	(0.108)	(0.162)	(0.216)	(0.162)	(0.216)
机械	灰浆搅拌机 200L	台班	208.76	0.010	0.015	0.020	0.015	0.020

三十、沥青玛琋脂保护层安装

工作内容： 搅拌、刮涂、找平。 **单位：** 10m²

编号				11-558	11-559	11-560
项目				设备(mm以内)		
				5	8	10
预算基价	总价(元)			**1280.45**	**1940.82**	**2393.88**
	人工费(元)			190.35	209.25	229.50
	材料费(元)			1085.92	1725.31	2156.03
	机械费(元)			4.18	6.26	8.35
组成内容		**单位**	**单价**	**数量**		
人工	综合工	工日	135.00	1.41	1.55	1.70
材料	沥青玛琋脂液	kg	12.40	67.0	107.2	134.0
	石棉绒（综合）	kg	12.32	19.80	30.62	38.28
	石棉灰 Ⅳ级	kg	1.01	10.68	18.16	22.10
	零星材料费	元	—	0.40	0.45	0.50
机械	灰浆搅拌机 200L	台班	208.76	0.02	0.03	0.04

三十一、金属保温盒，托盘，钩钉制作、安装

工作内容： 1.下料、焊接、安装、量尺寸。2.下料、焊接。3.下料、制钉、焊接。

编号				11-561	11-562	11-563	11-564	11-565	11-566
项目				普通钢板盒制作、安装		托盘制作、安装	钩钉制作、安装	保温用钩钉	
				阀门 (10m²)	人孔 (10m²)	(100kg)	(100kg)	塑料钉 (100套)	铝钉 (100套)
预算基价	总价(元)			**1550.58**	**1485.65**	**628.27**	**3899.95**	**152.62**	**159.97**
	人工费(元)			1490.40	1422.90	538.65	2596.05	110.70	110.70
	材料费(元)			59.75	59.75	31.56	549.39	41.92	49.27
	机械费(元)			0.43	3.00	58.06	754.51	—	—
组成内容		**单位**	**单价**	**数量**					
人工	综合工	工日	135.00	11.04	10.54	3.99	19.23	0.82	0.82
材料	热轧薄钢板 δ1.0～1.5	kg	—	(94.200)	(90.130)	(115.000)	—	—	—
	镀锌圆钢 D5.5～9.0	t	4742.00	0.0025	0.0025	—	0.1050	—	—
	氧气	m³	2.88	1.00	1.00	3.55	—	—	—
	乙炔气	kg	14.66	0.320	0.320	1.210	—	—	—
	热轧扁钢 <59	t	3665.80	0.011	0.011	—	—	—	—
	低碳钢焊条 J422 D3.2	kg	3.60	—	—	1.000	14.300	—	—
	胶粘剂 1#	kg	28.27	—	—	—	—	1.00	1.00
	塑料钉	套	0.13	—	—	—	—	105.000	—
	铝钉	套	0.20	—	—	—	—	—	105.000
机械	交流弧焊机 32kV·A	台班	87.97	—	—	0.66	7.19	—	—
	压鼓机	台班	20.55	—	0.080	—	—	—	—
	咬口机 1.5	台班	16.91	—	0.080	—	—	—	—
	钢筋切断机 D40	台班	42.81	0.010	—	—	2.850	—	—

工作内容：1.下料、焊接、安装、量尺寸。2.下料、焊接。3.下料、制钉、焊接。

单位：$10m^2$

编号				11-567	11-568	11-569	11-570
项目				镀锌薄钢板金属盒制作、安装			压制薄钢板瓦楞板
				阀门	人孔	法兰	
预算基价	总价(元)			**1207.96**	**1049.04**	**1134.14**	**234.57**
	人工费(元)			954.45	778.95	869.40	25.65
	材料费(元)			250.51	248.67	248.67	206.30
	机械费(元)			3.00	21.42	16.07	2.62
组成内容		单位	单价	数量			
人工	综合工	工日	135.00	7.07	5.77	6.44	0.19
材料	镀锌薄钢板 $\delta0.5$	m^2	18.42	13.60	13.50	13.50	11.20
机械	压鼓机	台班	20.55	0.080	0.080	0.060	—
	咬口机 1.5	台班	16.91	0.08	0.08	0.06	—
	卷板机 2×1600	台班	230.33	—	0.08	0.06	—
	电动空气压缩机 $1m^3$	台班	52.31	—	—	—	0.05

三十二、镀锌薄钢板金属盒制作、安装

工作内容：实测、放样、下料、剪切、卷板、安装、螺栓固定。

编号				11-571	11-572	11-573	11-574	11-575	11-576	11-577	11-578	11-579
项目				镀锌薄钢板金属盒制作、安装								镀锌薄钢板压筋制作（$10m^2$）
				阀门			法兰			人孔		
				*D*133以内（10个）	*D*426以内（10个）	*D*426以外（10个）	*D*133以内（10个）	*D*426以内（10个）	*D*426以外（10个）	*D*500以内（10个）	*D*500以外（10个）	
预算基价	总价（元）			**571.41**	**962.16**	**1158.87**	**667.55**	**1331.55**	**1648.61**	**1003.85**	**1433.19**	**55.40**
	人工费（元）			503.55	822.15	912.60	569.70	1093.50	1270.35	788.40	1150.20	35.10
	材料费（元）			66.19	137.06	241.74	82.76	202.41	317.64	178.55	232.79	17.68
	机械费（元）			1.67	2.95	4.53	15.09	35.64	60.62	36.90	50.20	2.62
组成内容		**单位**	**单价**	**数量**								
人工	综合工	工日	135.00	3.73	6.09	6.76	4.22	8.10	9.41	5.84	8.52	0.26
材料	镀锌薄钢板 δ0.5	m^2	18.42	3.10	6.70	11.40	4.00	10.00	16.00	8.70	11.40	0.96
	角次螺栓 M4×20	个	0.09	100	150	350	100	200	250	200	250	—
	零星材料费	元	—	0.09	0.15	0.25	0.08	0.21	0.42	0.30	0.30	—
机械	压线机	台班	19.92	0.05	0.08	0.10	0.03	0.06	0.09	0.05	0.08	—
	咬口机 1.5	台班	16.91	0.04	0.08	0.15	0.04	0.13	0.21	0.08	0.15	—
	卷板机 2×1600	台班	230.33	—	—	—	0.06	0.14	0.24	0.15	0.20	—
	电动空气压缩机 $1m^3$	台班	52.31	—	—	—	—	—	—	—	—	0.05

注：镀锌薄钢板压筋制作是指压筋所增加的工、料、机耗用量，其中薄钢板用量每$10m^2$压筋增加0.96m^2。

三十三、橡塑管壳、板安装

1.橡塑保温管壳(管道)安装

工作内容:运料、下料、安装、贴缝、修理找平。 **单位:**m³

	编号			11-580	11-581	11-582
	项目			D57以内	D89以内	D133以内
预算基价	总价(元)			**934.51**	**665.84**	**559.83**
	人工费(元)			726.30	531.90	459.00
	材料费(元)			208.21	133.94	100.83
	组成内容	单位	单价	数量		
人工	综合工	工日	135.00	5.38	3.94	3.40
材料	橡塑管壳	m³	—	(1.030)	(1.030)	(1.030)
	塑料粘胶带	盘	2.64	4.250	3.250	2.180
	铝箔胶带 45mm	卷	32.56	6.050	3.850	2.920

2.橡塑板(管道)安装

工作内容：运料、下料、安装、涂胶、贴缝、修理找平。 **单位**：m^3

编号				11-583	11-584	11-585	11-586	11-587
项目				D133以内	D219以内	D325以内	D450以内	D530以内
预算基价	总价(元)			**727.23**	**646.71**	**564.90**	**508.54**	**430.02**
	人工费(元)			530.55	459.00	387.45	337.50	265.95
	材料费(元)			196.68	187.71	177.45	171.04	164.07
组成内容		单位	单价	数量				
人工	综合工	工日	135.00	3.93	3.40	2.87	2.50	1.97
材料	橡塑板	m^3	—	(1.030)	(1.030)	(1.030)	(1.030)	(1.030)
	胶粘剂 1#	kg	28.27	6.280	6.100	5.880	5.700	5.500
	塑料粘胶带	盘	2.64	7.250	5.780	4.250	3.750	3.250

3.橡塑板(风管)安装

工作内容：运料、下料、安装、涂胶、贴缝、修理找平。 **单位**：m^3

编号				11-588	11-589	11-590	11-591	11-592	11-593
项目				厚度(mm以内)					
				10	15	20	25	32	40
预算基价	总价(元)			**1840.33**	**1225.44**	**1027.60**	**877.48**	**715.19**	**549.87**
	人工费(元)			1329.75	884.25	776.25	680.40	561.60	429.30
	材料费(元)			510.58	341.19	251.35	197.08	153.59	120.57
组成内容		**单位**	**单价**	**数量**					
人工	综合工	工日	135.00	9.85	6.55	5.75	5.04	4.16	3.18
材料	橡塑板	m^3	—	(1.080)	(1.080)	(1.080)	(1.080)	(1.080)	(1.080)
	胶粘剂 1#	kg	28.27	17.580	11.760	8.650	6.780	5.290	4.150
	塑料粘胶带	盘	2.64	5.150	3.310	2.580	2.050	1.530	1.230

4.橡塑板(阀门)安装

工作内容：运料、下料、安装、涂胶、贴缝、修理找平。 **单位：**10个

编号				11-594	11-595	11-596	11-597	11-598
项目				公称直径(mm以内)				
				50	125	200	300	400
预算基价	总价(元)			**130.97**	**290.60**	**763.98**	**1216.44**	**1583.22**
	人工费(元)			118.80	257.85	680.40	1065.15	1404.00
	材料费(元)			12.17	32.75	83.58	151.29	179.22
组成内容		**单位**	**单价**	**数量**				
人工	综合工	工日	135.00	0.88	1.91	5.04	7.89	10.40
材料	橡塑板	m^3	—	(0.030)	(0.110)	(0.350)	(0.640)	(0.760)
	胶粘剂 1#	kg	28.27	0.380	1.080	2.850	5.220	6.190
	塑料粘胶带	盘	2.64	0.540	0.840	1.140	1.410	1.600

5.橡塑板(法兰)安装

工作内容：运料、搅拌均匀、涂抹安装、找平压光。

单位：10个

编号				11-599	11-600	11-601	11-602	11-603
项目				公称直径(mm以内)				
				50	125	200	300	400
预算基价	总价(元)			**52.39**	**280.19**	**320.65**	**419.10**	**557.53**
	人工费(元)			44.55	256.50	286.20	356.40	473.85
	材料费(元)			7.84	23.69	34.45	62.70	83.68
组成内容		**单位**	**单价**	**数量**				
人工	综合工	工日	135.00	0.33	1.90	2.12	2.64	3.51
材料	橡塑板	m^3	—	(0.020)	(0.080)	(0.140)	(0.260)	(0.350)
	胶粘剂 1#	kg	28.27	0.240	0.780	1.140	2.120	2.850
	塑料粘胶带	盘	2.64	0.400	0.620	0.840	1.050	1.180

三十四、带铝箔离心玻璃棉安装

1.管　　道

工作内容：运料、拆包、裁料、安装、贴缝、修理找平。　　　　**单位：**m³

编　号				11-604	11-605	11-606	11-607	11-608	11-609	11-610	11-611
项　目				D57以内				D133以内			
				厚度(mm)							
				40	60	80	100	40	60	80	100
预算基价	总　价(元)			**702.27**	**494.50**	**357.66**	**266.98**	**443.52**	**329.86**	**238.26**	**185.57**
	人　工　费(元)			549.45	391.50	278.10	199.80	330.75	247.05	170.10	125.55
	材　料　费(元)			128.94	79.12	55.68	43.30	88.89	58.93	44.28	36.14
	机　械　费(元)			23.88	23.88	23.88	23.88	23.88	23.88	23.88	23.88
组成内容		**单位**	**单价**	**数　量**							
人工	综合工	工日	135.00	4.07	2.90	2.06	1.48	2.45	1.83	1.26	0.93
材料	带铝箔离心玻璃棉管壳	m³	—	(1.030)	(1.030)	(1.030)	(1.030)	(1.030)	(1.030)	(1.030)	(1.030)
	铝箔胶带 45mm	卷	32.56	3.960	2.430	1.710	1.330	2.730	1.810	1.360	1.110
机械	卷扬机 单筒慢速 10kN	台班	199.03	0.120	0.120	0.120	0.120	0.120	0.120	0.120	0.120

工作内容：运输、拆包、裁料、安装、贴缝、修理找平。

单位：m^3

编号					11-612	11-613	11-614	11-615	11-616	11-617	11-618	11-619
项目					D325以内				D530以内			
					厚度(mm)							
					40	60	80	100	40	60	80	100
预算基价	总价(元)				**331.95**	**251.34**	**186.92**	**145.64**	**305.37**	**229.14**	**180.22**	**140.61**
	人工费(元)				241.65	180.90	126.90	91.80	217.35	160.65	121.50	87.75
	材料费(元)				66.42	46.56	36.14	29.96	64.14	44.61	34.84	28.98
	机械费(元)				23.88	23.88	23.88	23.88	23.88	23.88	23.88	23.88
组成内容			**单位**	**单价**	**数量**							
人工	综合工		工日	135.00	1.79	1.34	0.94	0.68	1.61	1.19	0.90	0.65
材料	带铝箔离心玻璃棉管壳		m^3	—	(1.030)	(1.030)	(1.030)	(1.030)	(1.030)	(1.030)	(1.030)	(1.030)
	铝箔胶带 45mm		卷	32.56	2.040	1.430	1.110	0.920	1.970	1.370	1.070	0.890
机械	卷扬机 单筒慢速 10kN		台班	199.03	0.120	0.120	0.120	0.120	0.120	0.120	0.120	0.120

工作内容：运料、拆包、裁料、安装、贴缝、修理找平。　　　　**单位：**m^3

编号				11-620	11-621	11-622	11-623
项目				D630以内			
				厚度(mm)			
				40	60	80	100
预算基价	总价(元)			**268.50**	**203.77**	**159.92**	**129.44**
	人工费(元)			178.20	133.65	99.90	75.60
	材料费(元)			66.42	46.24	36.14	29.96
	机械费(元)			23.88	23.88	23.88	23.88
组成内容		**单位**	**单价**	**数量**			
人工	综合工	工日	135.00	1.32	0.99	0.74	0.56
材料	带铝箔离心玻璃棉管壳	m^3	—	(1.030)	(1.030)	(1.030)	(1.030)
	铝箔胶带 45mm	卷	32.56	2.040	1.420	1.110	0.920
机械	卷扬机 单筒慢速 10kN	台班	199.03	0.120	0.120	0.120	0.120

2.设　　备

工作内容：运料、拆包、裁料、安装、贴缝、修理找平。　　**单位：**m^3

编号				11-624	11-625	11-626	11-627	11-628	11-629	11-630	11-631
项目				立式设备				卧式设备			
				厚度(mm)							
				40	60	80	100	40	60	80	100
预算基价	总价(元)			**781.58**	**566.17**	**452.23**	**389.96**	**836.93**	**617.47**	**499.48**	**426.41**
	人工费(元)			546.75	375.30	283.50	234.90	602.10	426.60	330.75	271.35
	材料费(元)			210.95	166.99	144.85	131.18	210.95	166.99	144.85	131.18
	机械费(元)			23.88	23.88	23.88	23.88	23.88	23.88	23.88	23.88
组成内容		**单位**	**单价**	**数量**							
人工	综合工	工日	135.00	4.05	2.78	2.10	1.74	4.46	3.16	2.45	2.01
材料	带铝箔离心玻璃棉管壳	m^3	—	(1.030)	(1.030)	(1.030)	(1.030)	(1.030)	(1.030)	(1.030)	(1.030)
	铝箔胶带 45mm	卷	32.56	4.070	2.720	2.040	1.620	4.070	2.720	2.040	1.620
	镀锌钢丝 $D1.2\sim2.2$	kg	7.13	11.000	11.000	11.000	11.000	11.000	11.000	11.000	11.000
机械	卷扬机 单筒慢速 10kN	台班	199.03	0.120	0.120	0.120	0.120	0.120	0.120	0.120	0.120

工作内容：运料、拆包、裁料、安装、贴缝、修理找平。 **单位：**m³

编号				11-632	11-633	11-634	11-635
项目				球形设备(厚度mm)			
				40	60	80	100
预算基价	总价(元)			**919.50**	**689.71**	**559.99**	**480.22**
	人工费(元)			672.30	490.05	384.75	319.95
	材料费(元)			223.32	175.78	151.36	136.39
	机械费(元)			23.88	23.88	23.88	23.88
组成内容		单位	单价	数量			
人工	综合工	工日	135.00	4.98	3.63	2.85	2.37
材料	带铝箔离心玻璃棉管壳	m³	—	(1.050)	(1.050)	(1.050)	(1.050)
	铝箔胶带 45mm	卷	32.56	4.450	2.990	2.240	1.780
	镀锌钢丝 *D*1.2～2.2	kg	7.13	11.000	11.000	11.000	11.000
机械	卷扬机 单筒慢速 10kN	台班	199.03	0.120	0.120	0.120	0.120

3.阀门、法兰

工作内容：运料、拆包、裁料、安装、贴缝、修理找平。 **单位：**10个

编号				11-636	11-637	11-638	11-639	11-640	11-641	11-642	11-643	11-644	11-645
项目				阀门					法兰				
				公称直径(mm)									
				50以内	125以内	200以内	400以内	400以外	50以内	125以内	200以内	400以内	400以外
预算基价	总价(元)			**142.97**	**295.84**	**780.18**	**1587.01**	**2046.77**	**79.11**	**299.50**	**324.37**	**532.81**	**723.19**
	人工费(元)			125.55	272.70	750.60	1539.00	1930.50	62.10	276.75	298.35	496.80	639.90
	材料费(元)			15.43	21.15	27.59	46.02	114.28	15.02	20.76	24.03	34.02	81.30
	机械费(元)			1.99	1.99	1.99	1.99	1.99	1.99	1.99	1.99	1.99	1.99
组成内容		单位	单价	数量									
人工	综合工	工日	135.00	0.93	2.02	5.56	11.40	14.30	0.46	2.05	2.21	3.68	4.74
材料	铝箔离心玻璃棉板	m^3	—	(0.030)	(0.110)	(0.320)	(0.910)	(2.520)	(0.020)	(0.080)	(0.160)	(0.410)	(1.440)
	铝箔胶带 45mm	卷	32.56	0.430	0.540	0.600	0.750	1.550	0.400	0.480	0.530	0.690	1.380
	镀锌钢丝 $D1.2 \sim 2.2$	kg	7.13	0.200	0.500	1.130	3.030	8.950	0.280	0.720	0.950	1.620	5.100
机械	卷扬机 单筒慢速 10kN	台班	199.03	0.010	0.010	0.010	0.010	0.010	0.010	0.010	0.010	0.010	0.010

4.通 风 管 道

工作内容：运料、拆包、裁料、安装、贴缝、修理找平。 **单位**：m^3

编号				11-646	11-647	11-648
项目				厚度(mm)		
				30	40	50
预算基价	总价(元)			**518.79**	**405.90**	**331.45**
	人工费(元)			340.20	265.95	214.65
	材料费(元)			154.71	116.07	92.92
	机械费(元)			23.88	23.88	23.88
组成内容		**单位**	**单价**	**数量**		
人工	综合工	工日	135.00	2.52	1.97	1.59
材料	铝箔离心玻璃棉板	m^3	—	(1.030)	(1.030)	(1.030)
	铝箔胶带 45mm	卷	32.56	3.480	2.610	2.090
	塑料保温钉	套	0.06	560.000	420.000	336.000
	氯丁胶(XY401)	kg	14.71	0.530	0.400	0.320
机械	卷扬机 单筒慢速 10kN	台班	199.03	0.120	0.120	0.120

三十五、硅酸盐涂料保温

工作内容：开口、安装、捆扎、修理整平。 **单位：**m^3

编号				11-649	11-650	11-651
项目				管道	管件	设备
预算基价	总价(元)			**1204.20**	**2254.50**	**1088.10**
	人工费(元)			1204.20	2254.50	1088.10
组成内容		**单位**	**单价**	**数量**		
人工	综合工	工日	135.00	8.92	16.70	8.06
材料	硅酸盐涂料	m^3	—	(1.16)	(1.16)	(1.16)

第四章　防腐蚀涂料工程

说　明

一、本章适用范围：设备、管道、支架等各种防腐涂料工程。

二、本章除过氯乙烯漆采用喷涂外，其余均为人工刷涂。

三、涂料配合比与实际设计配合比不同时，可根据设计要求进行换算，但人工、机械消耗量不变。

四、本章基价中不包括热固费用，发生时可另行补充。

五、涂料聚合采用蒸汽及红外线间接聚合法，如采用其他方法，按施工方案另行计算。

六、本章未包括的新品种涂料，如采用时可选用相近的子目，其人工、机械消耗量不变。

工程量计算规则

一、防腐蚀涂料工程依设计图示尺寸按面积计算。

二、防腐蚀涂料工程量计算公式

1.设备筒体、管道表面积计算公式：

$$S=\pi \times D\times L \tag{1}$$

式中：π——圆周率；

D——设备或管道直径；

L——设备筒体高度或按延长米计算的管道长度。

2.阀门、弯头、法兰表面积计算公式：

①阀门表面积：

$$S=\pi \times D\times 2.5D\times K\times N \tag{2}$$

式中：D——直径；

K——1.05；

N——阀门个数。

②弯头表面积：

$$S=\pi \times D\times 1.5D\times 2\pi \times N/B \tag{3}$$

式中：D——直径；

N——弯头个数；

B——90°弯头，B=4；45°弯头，B=8。

③法兰表面积：

$$S=\pi \times D\times 1.5D\times K\times N \tag{4}$$

式中：D——直径；

K——1.05；

N——法兰个数。

3.设备和管道法兰翻边防腐蚀工程量计算公式：

$$S=\pi \times (D+A)\times A \tag{5}$$

式中：D——直径；

A——法兰翻边宽。

4.抹面保护层面积计算公式：

$$S=\pi\times L\times(D+2.1\delta+d) \tag{6}$$

式中：D——管道、设备外径；

L——设备筒体高度或按延长米计算的管道长度；

δ——绝热层厚度；

d——抹面保护层厚度。

三、计算设备、管道内壁防腐蚀工程量时，当壁厚大于或等于10mm时，按其内径计算；当壁厚小于10mm时，按其表面积计算。

一、生　　漆

工作内容：运料、过滤、填料干燥、过筛、表面清洗、配制、涂料等。　　**单位：**$10m^2$

编　　号				11-652	11-653	11-654	11-655	11-656	11-657	11-658	11-659	11-660	11-661
项　　目				管道						设备			
				底漆		中间漆		面漆		底漆		中间漆	
				一遍	增一遍	一遍	增一遍	一遍	增一遍	一遍	增一遍	一遍	增一遍
预算基价	总　　价(元)			**299.34**	**246.60**	**209.31**	**202.59**	**198.04**	**192.71**	**218.16**	**183.30**	**148.61**	**143.01**
	人　工　费(元)			155.25	113.40	87.75	87.75	83.70	83.70	105.30	81.00	60.75	59.40
	材　料　费(元)			122.58	105.79	100.90	94.18	95.79	90.46	99.37	83.32	74.37	69.69
	机　械　费(元)			21.51	27.41	20.66	20.66	18.55	18.55	13.49	18.98	13.49	13.92
组 成 内 容		**单位**	**单价**	**数　　量**									
人工	综合工	工日	135.00	1.15	0.84	0.65	0.65	0.62	0.62	0.78	0.60	0.45	0.44
材料	生漆	kg	65.76	1.59	1.53	1.48	1.38	1.41	1.33	1.20	1.15	1.06	0.99
	石英粉	kg	0.42	0.80	0.76	0.44	0.41	—	—	0.60	0.58	0.32	0.30
	汽油 60# ～70#	kg	6.67	2.48	0.71	0.49	0.47	0.46	0.45	2.36	0.60	0.42	0.41
	破布	kg	5.07	0.20	—	—	—	—	—	0.20	—	—	—
	铁砂布 0# ～2#	张	1.15	0.11	0.11	0.11	0.11	—	—	3.00	3.00	1.50	1.50
机械	轴流风机 7.5kW	台班	42.17	0.51	0.65	0.49	0.49	0.44	0.44	0.32	0.45	0.32	0.33

工作内容：运料、过滤、填料干燥、过筛、表面清洗、配制、涂料等。 **单位**：$10m^2$

编号				11-662	11-663	11-664	11-665	11-666	11-667	11-668	11-669
项目				设备		支架					
				面漆		底漆		中间漆		面漆	
				一遍	增一遍	一遍	增一遍	一遍	增一遍	一遍	增一遍
预算基价	总价(元)			**136.70**	**132.75**	**214.66**	**179.72**	**134.89**	**120.77**	**117.53**	**112.25**
	人工费(元)			56.70	56.70	98.55	74.25	43.20	33.75	33.75	33.75
	材料费(元)			67.77	63.82	103.46	87.34	79.04	74.37	71.13	67.11
	机械费(元)			12.23	12.23	12.65	18.13	12.65	12.65	12.65	11.39
组成内容		单位	单价	数量							
人工	综合工	工日	135.00	0.42	0.42	0.73	0.55	0.32	0.25	0.25	0.25
材料	生漆	kg	65.76	0.99	0.93	1.26	1.21	1.13	1.06	1.04	0.98
	汽油 60[#]～70[#]	kg	6.67	0.40	0.40	2.38	0.61	0.43	0.42	0.41	0.40
	石英粉	kg	0.42	—	—	0.63	0.60	0.34	0.32	—	—
	破布	kg	5.07	—	—	0.20	—	—	—	—	—
	铁砂布 0[#]～2[#]	张	1.15	—	—	3.00	3.00	1.50	1.50	—	—
机械	轴流风机 7.5kW	台班	42.17	0.29	0.29	0.30	0.43	0.30	0.30	0.30	0.27

二、漆酚树脂漆

工作内容： 运料、过筛、填料干燥、表面清洗、调配、涂刷。　　**单位：** $10m^2$

编号				11-670	11-671	11-672	11-673	11-674	11-675	11-676	11-677	11-678	11-679
项目				设备						管道			
				底漆		中间漆		面漆		底漆		中间漆	
				两遍	增一遍	两遍	增一遍	两遍	增一遍	两遍	增一遍	两遍	增一遍
预算基价	总价(元)			**241.22**	**122.93**	**179.91**	**91.12**	**159.17**	**79.87**	**285.86**	**135.96**	**222.14**	**109.58**
	人工费(元)			151.20	81.00	116.10	59.40	103.95	52.65	222.75	110.70	176.85	87.75
	材料费(元)			57.55	22.95	36.40	17.80	30.76	14.99	63.11	25.26	45.29	21.83
	机械费(元)			32.47	18.98	27.41	13.92	24.46	12.23	—	—	—	—
组成内容		**单位**	**单价**	**数量**									
人工	综合工	工日	135.00	1.12	0.60	0.86	0.44	0.77	0.39	1.65	0.82	1.31	0.65
材料	漆酚树脂漆	kg	14.00	2.24	1.10	1.95	0.94	1.83	0.89	2.93	1.44	2.73	1.31
	石英粉	kg	0.42	1.12	0.55	0.59	0.28	—	—	1.47	0.72	0.82	0.39
	汽油 60#～70#	kg	6.67	2.67	0.58	0.81	0.42	0.77	0.38	3.03	0.70	0.97	0.48
	破布	kg	5.07	0.2	—	—	—	—	—	0.2	—	—	—
	铁砂布 0#～2#	张	1.15	6.00	3.00	3.00	1.50	—	—	0.22	0.11	0.22	0.11
机械	轴流风机 7.5kW	台班	42.17	0.77	0.45	0.65	0.33	0.58	0.29	—	—	—	—

工作内容：运料、过筛、填料干燥、表面清洗、调配、涂刷。

单位：$10m^2$

编号				11-680	11-681	11-682	11-683	11-684	11-685	11-686	11-687
项目				管道		支架					
				面漆		底漆		中间漆		面漆	
				两遍	增一遍	两遍	增一遍	两遍	增一遍	两遍	增一遍
预算基价	总价(元)			**202.11**	**99.15**	**199.43**	**100.53**	**147.58**	**73.65**	**134.75**	**64.22**
	人工费(元)			159.30	78.30	140.40	76.95	109.35	55.35	102.60	48.60
	材料费(元)			42.81	20.85	59.03	23.58	38.23	18.30	32.15	15.62
组成内容		**单位**	**单价**	**数量**							
人工	综合工	工日	135.00	1.18	0.58	1.04	0.57	0.81	0.41	0.76	0.36
材料	漆酚树脂漆	kg	14.00	2.61	1.27	2.33	1.14	2.07	0.98	1.92	0.93
	汽油 $60^{\#}$～$70^{\#}$	kg	6.67	0.94	0.46	2.70	0.59	0.83	0.41	0.79	0.39
	石英粉	kg	0.42	—	—	1.17	0.57	0.62	0.29	—	—
	破布	kg	5.07	—	—	0.2	—	—	—	—	—
	铁砂布 $0^{\#}$～$2^{\#}$	张	1.15	—	—	6.00	3.00	3.00	1.50	—	—

注：适用于聚氨基甲酸酯漆。

三、聚氨酯漆

工作内容：运料、表面清洗、调配、嵌刮腻子、涂刷。

单位：$10m^2$

编号			11-688	11-689	11-690	11-691	11-692	11-693	11-694
项目			设备					管道	
			底漆		中间漆		面漆	底漆	
			两遍	增一遍	一遍	增一遍	每一遍	两遍	增一遍
预算基价	总价(元)		**232.26**	**118.76**	**94.74**	**88.49**	**98.94**	**247.72**	**140.89**
	人工费(元)		153.90	82.35	60.75	60.75	60.75	199.80	122.85
	材料费(元)		45.89	17.43	20.07	13.82	24.27	47.92	18.04
	机械费(元)		32.47	18.98	13.92	13.92	13.92	—	—
组成内容	单位	单价	数量						
人工 综合工	工日	135.00	1.14	0.61	0.45	0.45	0.45	1.48	0.91
材料 聚氨酯磁漆	kg	18.93	—	—	0.87	0.54	1.18	—	—
聚氨酯底漆	kg	12.16	2.00	1.00	—	—	—	2.55	1.28
二甲苯	kg	5.21	0.70	0.35	0.36	0.36	0.37	0.89	0.45
汽油 60#～70#	kg	6.67	1.50	—	—	—	—	1.65	—
破布	kg	5.07	0.2	—	—	—	—	0.2	—
铁砂布 0#～2#	张	1.15	6.00	3.00	1.50	1.50	—	0.22	0.11
机械 轴流风机 7.5kW	台班	42.17	0.77	0.45	0.33	0.33	0.33	—	—

工作内容：运料、表面清洗、调配、嵌刮腻子、涂刷。

单位：10m²

编号				11-695	11-696	11-697	11-698	11-699	11-700	11-701	11-702
项目				管道			支架				
				中间漆		面漆	底漆		中间漆		面漆
				一遍	增一遍	每一遍	两遍	增一遍	一遍	增一遍	每一遍
预算基价	总价(元)			**111.54**	**107.38**	**121.91**	**182.91**	**90.67**	**75.90**	**69.84**	**80.86**
	人工费(元)			90.45	90.45	90.45	139.05	74.25	55.35	55.35	55.35
	材料费(元)			21.09	16.93	31.46	43.86	16.42	20.55	14.49	25.51
组成内容		**单位**	**单价**	**数量**							
人工	综合工	工日	135.00	0.67	0.67	0.67	1.03	0.55	0.41	0.41	0.41
材料	聚氨酯磁漆	kg	18.93	0.97	0.75	1.53	—	—	0.89	0.57	1.24
	聚氨酯底漆	kg	12.16	—	—	—	2.10	1.05	—	—	—
	二甲苯	kg	5.21	0.50	0.50	0.48	0.74	0.37	0.38	0.38	0.39
	铁砂布 0#～2#	张	1.15	0.11	0.11	—	3.00	1.50	1.50	1.50	—
	汽油 60#～70#	kg	6.67	—	—	—	1.5	—	—	—	—
	破布	kg	5.07	—	—	—	0.2	—	—	—	—

四、弹性聚氨酯漆

工作内容：运料、表面清洗、调配、嵌刮腻子、涂刷。 **单位：**10m²

编号				11-703	11-704	11-705	11-706	11-707	11-708
项目				管道				设备	
				底漆两遍	底漆增一遍	中间漆一遍	面漆一遍	底漆两遍	底漆增一遍
预算基价	总价(元)			**380.76**	**183.96**	**219.87**	**215.59**	**313.33**	**145.10**
	人工费(元)			264.60	125.55	110.70	109.35	214.65	95.85
	材料费(元)			83.69	41.96	95.25	92.32	66.21	32.80
	机械费(元)			32.47	16.45	13.92	13.92	32.47	16.45
组成内容		**单位**	**单价**	**数量**					
人工	综合工	工日	135.00	1.96	0.93	0.82	0.81	1.59	0.71
材料	弹性聚氨酯磁漆 甲组	kg	27.30	—	—	1.63	1.59	—	—
	弹性聚氨酯磁漆 乙组	kg	27.30	—	—	0.17	0.17	—	—
	弹性聚氨酯底漆	kg	17.59	3.49	1.75	—	—	2.73	1.37
	醋酸乙酯	kg	22.87	—	—	1.94	1.91	—	—
	滑石粉	kg	0.59	0.59	0.12	0.06	0.06	0.46	0.12
	汽油 60#～70#	kg	6.67	1.91	0.90	—	—	1.50	0.70
	破布	kg	5.07	0.23	0.10	0.11	0.11	0.20	0.10
	铁砂布 0#～2#	张	1.15	7	4	1	—	6	3
机械	轴流风机 7.5kW	台班	42.17	0.77	0.39	0.33	0.33	0.77	0.39

工作内容：运料、表面清洗、调配、嵌刮腻子、涂刷。

单位：10m²

编号				11-709	11-710	11-711	11-712	11-713	11-714
项目				设备		金属吊支架			
				中间漆一遍	面漆一遍	底漆一遍	底漆增一遍	中间漆一遍	面漆一遍
预算基价	总价(元)			**167.44**	**165.06**	**301.88**	**143.43**	**169.71**	**165.93**
	人工费(元)			78.30	78.30	226.80	108.00	87.75	86.40
	材料费(元)			75.22	72.84	75.08	35.43	81.96	79.53
	机械费(元)			13.92	13.92	—	—	—	—
组成内容		**单位**	**单价**	**数量**					
人工	综合工	工日	135.00	0.58	0.58	1.68	0.80	0.65	0.64
材料	弹性聚氨酯磁漆 甲组	kg	27.30	1.28	1.26	—	—	1.43	1.40
	弹性聚氨酯磁漆 乙组	kg	27.30	0.13	0.13	—	—	0.13	0.13
	弹性聚氨酯底漆	kg	17.59	—	—	3.17	1.52	—	—
	醋酸乙酯	kg	22.87	1.53	1.50	—	—	1.67	1.65
	滑石粉	kg	0.59	0.05	0.05	0.50	0.12	0.05	0.05
	破布	kg	5.07	0.11	0.11	0.22	0.10	—	—
	铁砂布 0#～2#	张	1.15	1	—	6	3	1	—
	汽油 60#～70#	kg	6.67	—	—	1.65	0.70	—	—
机械	轴流风机 7.5kW	台班	42.17	0.33	0.33	—	—	—	—

五、环氧、酚醛树脂漆

工作内容：运料、过筛、填料干燥、表面清洗、调配、涂刷。 **单位：**10m²

编号				11-715	11-716	11-717	11-718	11-719	11-720
项目				设备				管道	
				底漆		面漆		底漆	
				一遍	增一遍	两遍	增一遍	两遍	增一遍
预算基价	总价(元)			**255.06**	**127.27**	**194.11**	**94.79**	**295.69**	**139.13**
	人工费(元)			130.95	70.20	93.15	45.90	190.35	94.50
	材料费(元)			91.64	38.09	76.50	36.66	105.34	44.63
	机械费(元)			32.47	18.98	24.46	12.23	—	—
组成内容		单位	单价	数量					
人工	综合工	工日	135.00	0.97	0.52	0.69	0.34	1.41	0.70
材料	环氧树脂	kg	28.33	1.73	0.81	1.87	0.89	2.21	1.05
	酚醛树脂 2130	kg	10.04	0.74	0.35	0.80	0.38	0.95	0.45
	石英粉	kg	0.42	0.36	0.17	—	—	0.66	0.22
	丙酮	kg	9.89	1.00	0.48	0.76	0.38	1.14	0.56
	邻苯二甲酸二丁酯	kg	14.62	0.24	0.11	0.26	0.13	0.31	0.15
	乙二胺	kg	21.96	0.17	0.08	0.19	0.09	0.22	0.11
	汽油 60#～70#	kg	6.67	1.50	—	—	—	1.65	—
	破布	kg	5.07	0.2	—	—	—	0.2	—
	铁砂布 0#～2#	张	1.15	6.00	3.00	—	—	0.22	0.11
机械	轴流风机 7.5kW	台班	42.17	0.77	0.45	0.58	0.29	—	—

工作内容：运料、过筛、填料干燥、表面清洗、调配、涂刷。 **单位：**10m²

编号				11-721	11-722	11-723	11-724	11-725	11-726
项目				管道		支架			
				面漆		底漆		面漆	
				两遍	增一遍	两遍	增一遍	两遍	增一遍
预算基价	总价(元)			**233.90**	**115.48**	**219.98**	**107.50**	**171.72**	**81.48**
	人工费(元)			136.35	68.85	124.20	67.50	91.80	43.20
	材料费(元)			97.55	46.63	95.78	40.00	79.92	38.28
组成内容		**单位**	**单价**	**数量**					
人工	综合工	工日	135.00	1.01	0.51	0.92	0.50	0.68	0.32
材料	环氧树脂	kg	28.33	2.42	1.15	1.82	0.85	1.96	0.94
	酚醛树脂 2130	kg	10.04	1.04	0.50	0.78	0.37	0.84	0.40
	丙酮	kg	9.89	0.84	0.41	1.03	0.50	0.77	0.38
	邻苯二甲酸二丁酯	kg	14.62	0.34	0.16	0.18	0.12	0.27	0.13
	乙二胺	kg	21.96	0.24	0.12	0.25	0.09	0.20	0.09
	石英粉	kg	0.42	—	—	0.38	0.18	—	—
	汽油 60# ～70#	kg	6.67	—	—	1.50	—	—	—
	破布	kg	5.07	—	—	0.2	—	—	—
	铁砂布 0# ～2#	张	1.15	—	—	6.00	3.00	—	—

六、红丹环氧防锈底漆、环氧磁漆

工作内容：运料、清洗、配制、涂刷。　　　　**单位：**10m²

编　　号				11-727	11-728	11-729	11-730	11-731	11-732
项　　目				管道				设备	
				底漆两遍	底漆增一遍	面漆两遍	面漆增一遍	底漆两遍	底漆增一遍
预算基价	总　　价(元)			**320.49**	**159.66**	**236.49**	**112.91**	**277.58**	**143.66**
	人　工　费(元)			193.05	94.50	141.75	67.50	133.65	70.20
	材　料　费(元)			127.44	65.16	94.74	45.41	111.46	54.48
	机　械　费(元)			—	—	—	—	32.47	18.98
组 成 内 容		**单位**	**单价**	**数　　量**					
人工	综合工	工日	135.00	1.43	0.70	1.05	0.50	0.99	0.52
材料	红丹环氧防锈漆	kg	21.35	3.97	2.07	—	—	3.46	1.70
	红丹环氧固化剂	kg	56.74	0.14	0.07	—	—	0.10	0.05
	环氧磁漆	kg	17.72	—	—	3.95	1.88	—	—
	环氧稀释剂	kg	14.00	1.13	0.55	1.20	0.58	1.00	0.48
	环氧固化剂	kg	56.74	—	—	0.14	0.07	—	—
	汽油 60#～70#	kg	6.67	1.65	0.80	—	—	1.50	0.70
	破布	kg	5.07	0.2	0.1	—	—	0.2	0.1
	铁砂布 0#～2#	张	1.15	6	3	—	—	6	3
机械	轴流风机 7.5kW	台班	42.17	—	—	—	—	0.77	0.45

工作内容： 运料、清洗、配制、涂刷。　　　　**单位：** $10m^2$

编号				11-733	11-734	11-735	11-736	11-737	11-738
项目				设备		金属吊支架			
				面漆两遍	面漆增一遍	底漆两遍	底漆增一遍	面漆两遍	面漆增一遍
预算基价	总价(元)			**193.68**	**95.34**	**282.53**	**142.44**	**199.28**	**98.76**
	人工费(元)			95.85	47.25	167.40	83.70	122.85	60.75
	材料费(元)			73.37	35.44	115.13	58.74	76.43	38.01
	机械费(元)			24.46	12.65	—	—	—	—
组成内容		**单位**	**单价**	**数量**					
人工	综合工	工日	135.00	0.71	0.35	1.24	0.62	0.91	0.45
材料	环氧磁漆	kg	17.72	3.06	1.50	—	—	3.21	1.59
	环氧固化剂	kg	56.74	0.14	0.06	—	—	0.12	0.05
	环氧稀释剂	kg	14.00	0.80	0.39	1.09	0.51	0.91	0.50
	红丹环氧防锈漆	kg	21.35	—	—	3.54	1.88	—	—
	红丹环氧固化剂	kg	56.74	—	—	0.11	0.05	—	—
	汽油 60# ～70#	kg	6.67	—	—	1.52	0.70	—	—
	破布	kg	5.07	—	—	0.2	0.1	—	—
	铁砂布 0# ～2#	张	1.15	—	—	6	3	—	—
机械	轴流风机 7.5kW	台班	42.17	0.58	0.30	—	—	—	—

七、冷固环氧树脂漆

工作内容：运料、过筛、填料干燥、表面清洗、调配、涂刷。 **单位：**10m²

编号				11-739	11-740	11-741	11-742	11-743	11-744
项目				管道				设备	
				底漆		面漆		底漆	
				两遍	增一遍	两遍	增一遍	两遍	增一遍
预算基价	总价(元)			**321.61**	**148.20**	**260.21**	**128.02**	**271.14**	**134.09**
	人工费(元)			191.70	95.85	139.05	70.20	132.30	70.20
	材料费(元)			129.91	52.35	121.16	57.82	106.37	44.91
	机械费(元)			—	—	—	—	32.47	18.98
组成内容		**单位**	**单价**	**数量**					
人工	综合工	工日	135.00	1.42	0.71	1.03	0.52	0.98	0.52
材料	环氧树脂	kg	28.33	3.16	1.48	3.46	1.65	2.48	1.16
	石英粉	kg	0.42	0.29	0.37	—	—	0.62	0.29
	丙酮	kg	9.89	1.13	0.55	1.20	0.58	1.00	0.48
	邻苯二甲酸二丁酯	kg	14.62	0.32	0.15	0.35	0.17	0.25	0.12
	乙二胺	kg	21.96	0.25	0.12	0.28	0.13	0.20	0.09
	汽油 60#～70#	kg	6.67	1.65	—	—	—	1.50	—
	破布	kg	5.07	0.2	—	—	—	0.2	—
	铁砂布 0#～2#	张	1.15	6	—	—	—	6	3
机械	轴流风机 7.5kW	台班	42.17	—	—	—	—	0.77	0.45

工作内容：运料、过筛、填料干燥、表面清洗、调配、涂刷。 **单位**：$10m^2$

编号				11-745	11-746	11-747	11-748	11-749	11-750
项目				设备		支架			
				面漆		底漆		面漆	
				两遍	增一遍	两遍	增一遍	两遍	增一遍
预算基价	总价(元)			**209.43**	**101.96**	**232.09**	**113.30**	**188.28**	**90.34**
	人工费(元)			93.15	45.90	124.20	67.50	91.80	43.20
	材料费(元)			91.82	43.83	107.89	45.80	96.48	47.14
	机械费(元)			24.46	12.23	—	—	—	—
组成内容		**单位**	**单价**	**数量**					
人工	综合工	工日	135.00	0.69	0.34	0.92	0.50	0.68	0.32
材料	环氧树脂	kg	28.33	2.67	1.27	2.53	1.18	2.80	1.33
	丙酮	kg	9.89	0.77	0.38	1.01	0.49	0.81	0.52
	邻苯二甲酸二丁酯	kg	14.62	0.27	0.13	0.25	0.12	0.28	0.13
	乙二胺	kg	21.96	0.21	0.10	0.20	0.10	0.23	0.11
	石英粉	kg	0.42	—	—	0.63	0.30	—	—
	汽油 60#～70#	kg	6.67	—	—	1.50	—	—	—
	破布	kg	5.07	—	—	0.2	—	—	—
	铁砂布 0#～2#	张	1.15	—	—	6	3	—	—
机械	轴流风机 7.5kW	台班	42.17	0.58	0.29	—	—	—	—

八、环氧呋喃树脂漆

工作内容：运料、过筛、填料干燥、表面清洗、调配、涂刷。

单位：10m²

编号				11-751	11-752	11-753	11-754	11-755	11-756
项目				设备				管道	
				底漆		面漆		底漆	
				两遍	增一遍	两遍	增一遍	两遍	增一遍
预算基价	总价(元)			**255.72**	**126.90**	**195.83**	**95.57**	**295.56**	**139.35**
	人工费(元)			132.30	70.20	93.15	45.90	191.70	95.85
	材料费(元)			90.95	37.72	78.22	37.44	103.86	43.50
	机械费(元)			32.47	18.98	24.46	12.23	—	—
组成内容		**单位**	**单价**	**数量**					
人工	综合工	工日	135.00	0.98	0.52	0.69	0.34	1.42	0.71
材料	环氧树脂	kg	28.33	1.75	0.82	1.89	0.90	2.23	1.05
	糠醇树脂	kg	7.74	0.75	0.35	0.81	0.39	0.96	0.45
	石英粉	kg	0.42	0.36	0.17	—	—	0.46	0.22
	丙酮	kg	9.89	1.00	0.48	1.04	0.51	1.14	0.55
	邻苯二甲酸二丁酯	kg	14.62	0.25	0.12	0.27	0.13	0.32	0.15
	乙二胺	kg	21.96	0.18	0.08	0.19	0.09	0.22	0.11
	汽油 60#～70#	kg	6.67	1.50	—	—	—	1.65	—
	破布	kg	5.07	0.2	—	—	—	0.2	—
	铁砂布 0#～2#	张	1.15	6.00	3.00	—	—	0.22	0.11
机械	轴流风机 7.5kW	台班	42.17	0.77	0.45	0.58	0.29	—	—

工作内容：运料、过筛、填料干燥、表面清洗、调配、涂刷。　　　　**单位：**10m²

编号				11-757	11-758	11-759	11-760	11-761	11-762
项目				管道		支架			
				面漆		底漆		面漆	
				两遍	增一遍	两遍	增一遍	两遍	增一遍
预算基价	总价(元)			**239.06**	**118.07**	**216.69**	**105.96**	**173.54**	**82.67**
	人工费(元)			139.05	70.20	124.20	67.50	91.80	43.20
	材料费(元)			100.01	47.87	92.49	38.46	81.74	39.47
组成内容		**单位**	**单价**	**数量**					
人工	综合工	工日	135.00	1.03	0.52	0.92	0.50	0.68	0.32
材料	环氧树脂	kg	28.33	2.45	1.17	1.79	0.84	1.98	0.95
	糠醇树脂	kg	7.74	1.05	0.50	0.77	0.36	0.85	0.41
	丙酮	kg	9.89	1.20	0.58	1.01	0.49	1.07	0.52
	邻苯二甲酸二丁酯	kg	14.62	0.35	0.17	0.26	0.12	0.28	0.14
	乙二胺	kg	21.96	0.25	0.12	0.18	0.08	0.20	0.10
	石英粉	kg	0.42	—	—	0.37	0.17	—	—
	汽油 60#～70#	kg	6.67	—	—	1.50	—	—	—
	破布	kg	5.07	—	—	0.2	—	—	—
	铁砂布 0#～2#	张	1.15	—	—	6.00	3.00	—	—

九、酚醛树脂漆

工作内容：运料、过筛、填料干燥、表面清洗、调配、涂刷。 **单位**：$10m^2$

编号				11-763	11-764	11-765	11-766	11-767	11-768	11-769	11-770
项目				设备							
				底漆		中间漆第一遍		中间漆第二遍		面漆	
				两层	增一层	两层	增一层	两层	增一层	两层	增一层
预算基价	总价(元)			**243.08**	**123.15**	**182.03**	**91.63**	**200.65**	**99.46**	**169.66**	**84.28**
	人工费(元)			156.60	83.70	121.50	62.10	135.00	67.50	110.70	55.35
	材料费(元)			54.01	20.47	33.12	15.61	34.87	16.36	34.50	16.70
	机械费(元)			32.47	18.98	27.41	13.92	30.78	15.60	24.46	12.23
组成内容		**单位**	**单价**	**数量**							
人工	综合工	工日	135.00	1.16	0.62	0.90	0.46	1.00	0.50	0.82	0.41
材料	酚醛树脂 2130	kg	10.04	2.36	1.10	1.95	0.90	2.18	1.00	2.54	1.21
	石英粉	kg	0.42	0.59	0.28	0.29	0.14	0.22	0.10	—	—
	乙醇	kg	9.69	0.97	0.47	0.79	0.39	0.72	0.35	0.63	0.32
	苯磺酰氯	kg	14.49	0.19	0.09	0.16	0.07	0.17	0.08	0.20	0.10
	汽油 60# ～70#	kg	6.67	1.50	—	—	—	—	—	—	—
	破布	kg	5.07	0.2	—	—	—	—	—	—	—
	铁砂布 0# ～2#	张	1.15	6.00	3.00	3.00	1.50	3.00	1.50	—	—
机械	轴流风机 7.5kW	台班	42.17	0.77	0.45	0.65	0.33	0.73	0.37	0.58	0.29

工作内容：运料、过筛、填料干燥、表面清洗、调配、涂刷。

单位：10m^2

编号				11-771	11-772	11-773	11-774	11-775	11-776	11-777	11-778
项目				管道							
				底漆		中间漆第一遍		中间漆第二遍		面漆	
				两层	增一层	两层	增一层	两层	增一层	两层	增一层
预算基价	总价(元)			**287.79**	**134.46**	**220.81**	**108.45**	**214.40**	**101.19**	**209.34**	**103.19**
	人工费(元)			230.85	113.40	182.25	90.45	176.85	83.70	166.05	82.35
	材料费(元)			56.94	21.06	38.56	18.00	37.55	17.49	43.29	20.84
组成内容		**单位**	**单价**	**数量**							
人工	综合工	工日	135.00	1.71	0.84	1.35	0.67	1.31	0.62	1.23	0.61
材料	酚醛树脂 2130	kg	10.04	3.01	1.40	2.64	1.22	2.67	1.23	3.29	1.57
	石英粉	kg	0.42	0.75	0.35	0.40	0.18	0.27	0.12	—	—
	乙醇	kg	9.69	1.10	0.53	0.90	0.43	0.77	0.37	0.67	0.33
	苯磺酰氯	kg	14.49	0.24	0.11	0.21	0.10	0.21	0.10	0.26	0.13
	汽油 60$^{\#}$～70$^{\#}$	kg	6.67	1.65	—	—	—	—	—	—	—
	破布	kg	5.07	0.2	—	—	—	—	—	—	—
	铁砂布 0$^{\#}$～2$^{\#}$	张	1.15	0.22	0.11	0.11	0.05	0.11	0.05	—	—

工作内容：运料、过筛、填料干燥、表面清洗、调配、涂刷。

单位：10m²

编号				11-779	11-780	11-781	11-782	11-783	11-784	11-785	11-786
项目				支架							
				底漆		中间漆第一遍		中间漆第二遍		面漆	
				两层	增一层	两层	增一层	两层	增一层	两层	增一层
预算基价	总价(元)			**213.92**	**101.67**	**149.43**	**72.96**	**145.37**	**72.96**	**143.95**	**69.85**
	人工费(元)			159.30	81.00	114.75	56.70	110.70	56.70	108.00	52.65
	材料费(元)			54.62	20.67	34.68	16.26	34.67	16.26	35.95	17.20
组成内容		**单位**	**单价**	**数量**							
人工	综合工	工日	135.00	1.18	0.60	0.85	0.42	0.82	0.42	0.80	0.39
材料	酚醛树脂 2130	kg	10.04	2.41	1.12	2.07	0.95	2.16	0.99	2.67	1.27
	石英粉	kg	0.42	0.60	0.28	0.31	0.14	0.22	0.10	—	—
	乙醇	kg	9.69	0.98	0.47	0.81	0.39	0.72	0.35	0.63	0.31
	苯磺酰氯	kg	14.49	0.19	0.09	0.17	0.08	0.17	0.08	0.21	0.10
	汽油 60#～70#	kg	6.67	1.50	—	—	—	—	—	—	—
	破布	kg	5.07	0.2	—	—	—	—	—	—	—
	铁砂布 0#～2#	张	1.15	6.00	3.00	3.00	1.50	3.00	1.50	—	—

十、氯磺化聚乙烯漆

工作内容： 运料、表面清洗、调配、涂刷。 **单位：** 10m²

编号				11-787	11-788	11-789	11-790
项目				金属表面			
				底漆一遍	中间漆一遍	增一遍	面漆一遍
预算基价	总价(元)			**254.20**	**216.70**	**211.61**	**189.30**
	人工费(元)			163.35	133.65	133.65	118.80
	材料费(元)			52.90	45.10	40.01	32.55
	机械费(元)			37.95	37.95	37.95	37.95
组成内容		**单位**	**单价**	**数量**			
人工	综合工	工日	135.00	1.21	0.99	0.99	0.88
材料	氯磺化聚乙烯底漆	kg	18.73	2.3	—	—	—
	氯磺化聚乙烯漆稀释剂	kg	15.96	0.54	0.52	0.52	0.54
	氯磺化聚乙烯中间漆	kg	17.95	—	2.0	1.7	—
	氯磺化聚乙烯面漆	kg	13.55	—	—	—	1.7
	零星材料费	元	—	1.20	0.90	1.20	0.90
机械	轴流风机 7.5kW	台班	42.17	0.90	0.90	0.90	0.90

十一、无机富锌漆

工作内容：运料、表面清洗、冲洗、调配、涂刷。

单位：10m²

编号				11-791	11-792	11-793	11-794	11-795	11-796
项目				设备				管道	
				底漆两遍	磷酸水两遍	水两遍	环氧银粉面漆两遍	底漆两遍	磷酸水两遍
预算基价	总价(元)			**318.53**	**126.10**	**94.65**	**205.56**	**384.33**	**138.16**
	人工费(元)			130.95	75.60	75.60	93.15	197.10	113.40
	材料费(元)			155.11	18.03	19.05	87.95	187.23	24.76
	机械费(元)			32.47	32.47	—	24.46	—	—
组成内容		单位	单价	数量					
人工	综合工	工日	135.00	0.97	0.56	0.56	0.69	1.46	0.84
材料	锌粉	kg	23.94	5.20	—	—	—	6.63	—
	水	m³	7.62	1.20	2.10	2.50	—	1.53	2.90
	水玻璃	kg	2.38	1.20	—	—	—	1.53	—
	一氧化铅	kg	11.72	0.06	—	—	—	0.08	—
	破布	kg	5.07	0.20	0.02	—	0.02	0.20	—
	铁砂布 0#～2#	张	1.15	6.00	—	—	—	0.22	—
	汽油 60#～70#	kg	6.67	1.50	—	—	—	1.65	—
	磷酸 85%	kg	4.93	—	0.39	—	—	—	0.54
	环氧树脂	kg	28.33	—	—	—	2.00	—	—
	银粉	kg	22.81	—	—	—	0.50	—	—
	丙酮	kg	9.89	—	—	—	2.00	—	—
机械	轴流风机 7.5kW	台班	42.17	0.77	0.77	—	0.58	—	—

工作内容：运料、表面清洗、冲洗、调配、涂刷。　　　　**单位：**$10m^2$

编号				11-797	11-798	11-799	11-800	11-801	11-802
项目				管道			支架		
				水两遍	环氧银粉面漆两遍	底漆两遍	磷酸水两遍	水两遍	环氧银粉面漆两遍
预算基价	总价(元)			**139.69**	**254.22**	**279.38**	**79.20**	**87.69**	**176.15**
	人工费(元)			113.40	140.40	117.45	67.50	67.50	83.70
	材料费(元)			26.29	113.82	161.93	11.70	20.19	92.45
组成内容		**单位**	**单价**	**数量**					
人工	综合工	工日	135.00	0.84	1.04	0.87	0.50	0.50	0.62
材料	水	m^3	7.62	3.45	—	1.26	1.27	2.65	—
	环氧树脂	kg	28.33	—	2.59	—	—	—	2.10
	银粉	kg	22.81	—	0.65	—	—	—	0.53
	丙酮	kg	9.89	—	2.59	—	—	—	2.10
	锌粉	kg	23.94	—	—	5.46	—	—	—
	水玻璃	kg	2.38	—	—	1.26	—	—	—
	一氧化铅	kg	11.72	—	—	0.06	—	—	—
	破布	kg	5.07	—	—	0.20	—	—	0.02
	铁砂布 0#～2#	张	1.15	—	—	6.00	—	—	—
	汽油 60#～70#	kg	6.67	—	—	1.50	—	—	—
	磷酸 85%	kg	4.93	—	—	—	0.41	—	—

十二、过氯乙烯漆

工作内容：运料、表面清洗、刷涂和喷涂。 **单位**：$10m^2$

编号				11-803	11-804	11-805	11-806	11-807	11-808	11-809
项目				设备						
				刷磷化底漆一遍	喷底漆		喷中间漆		喷面漆	
					两遍	增一遍	两遍	增一遍	两遍	增一遍
预算基价	总价(元)			**150.48**	**106.00**	**52.99**	**177.39**	**90.20**	**77.25**	**40.13**
	人工费(元)			89.10	27.00	13.50	41.85	21.60	20.25	10.80
	材料费(元)			42.40	45.85	22.92	84.16	42.08	32.14	16.07
	机械费(元)			18.98	33.15	16.57	51.38	26.52	24.86	13.26
组成内容		**单位**	**单价**	**数量**						
人工	综合工	工日	135.00	0.66	0.20	0.10	0.31	0.16	0.15	0.08
材料	磷化底漆	kg	19.25	1.32	—	—	—	—	—	—
	过氯乙烯底漆 G06-4	kg	13.87	—	1.54	0.77	—	—	—	—
	过氯乙烯磁漆 G52-1	kg	18.22	—	—	—	2.64	1.32	—	—
	过氯乙烯清漆 G52-2	kg	15.56	—	—	—	—	—	1.10	0.55
	过氯乙烯漆稀释剂 X3	kg	13.66	—	1.54	0.77	2.64	1.32	1.10	0.55
	丁醇	kg	8.76	0.21	—	—	—	—	—	—
	乙醇	kg	9.69	0.07	—	—	—	—	—	—
	汽油 60#～70#	kg	6.67	1.5	—	—	—	—	—	—
	破布	kg	5.07	0.2	—	—	—	—	—	—
	铁砂布 0#～2#	张	1.15	3.0	3.0	1.5	—	—	—	—
机械	轴流风机 7.5kW	台班	42.17	0.45	0.20	0.10	0.31	0.16	0.15	0.08
	电动空气压缩机 $3m^3$	台班	123.57	—	0.20	0.10	0.31	0.16	0.15	0.08

工作内容：运料、表面清洗、刷涂和喷涂。 **单位：**$10m^2$

编号				11-810	11-811	11-812	11-813	11-814	11-815	11-816
项目				支架						
				刷磷化底漆一遍	喷底漆两遍	喷底漆	喷中间漆		喷面漆	
						增一遍	两遍	增一遍	两遍	增一遍
预算基价	总价(元)			**140.00**	**112.48**	**55.38**	**181.86**	**92.43**	**79.01**	**41.01**
	人工费(元)			75.60	29.70	14.85	41.85	21.60	20.25	10.80
	材料费(元)			43.74	46.32	22.30	88.63	44.31	33.90	16.95
	机械费(元)			20.66	36.46	18.23	51.38	26.52	24.86	13.26
组成内容		**单位**	**单价**	**数量**						
人工	综合工	工日	135.00	0.56	0.22	0.11	0.31	0.16	0.15	0.08
材料	磷化底漆	kg	19.25	1.39	—	—	—	—	—	—
	过氯乙烯底漆 G06-4	kg	13.87	—	1.62	0.81	—	—	—	—
	过氯乙烯磁漆 G52-1	kg	18.22	—	—	—	2.78	1.39	—	—
	过氯乙烯清漆 G52-2	kg	15.56	—	—	—	—	—	1.16	0.58
	过氯乙烯漆稀释剂 X3	kg	13.66	—	1.62	0.81	2.78	1.39	1.16	0.58
	丁醇	kg	8.76	0.21	—	—	—	—	—	—
	乙醇	kg	9.69	0.07	—	—	—	—	—	—
	汽油 60#～70#	kg	6.67	1.50	—	—	—	—	—	—
	破布	kg	5.07	0.2	—	—	—	—	—	—
	铁砂布 0#～2#	张	1.15	3.00	1.50	—	—	—	—	—
机械	轴流风机 7.5kW	台班	42.17	0.49	0.22	0.11	0.31	0.16	0.15	0.08
	电动空气压缩机 $3m^3$	台班	123.57	—	0.22	0.11	0.31	0.16	0.15	0.08

工作内容：运料、表面清洗、刷涂和喷涂。　　**单位：**10m²

编号				11-817	11-818	11-819	11-820	11-821	11-822	11-823
项目				管道						
				刷磷化底漆	喷底漆		喷中间漆		喷面漆	
				一遍	两遍	增一遍	两遍	增一遍	两遍	增一遍
预算基价	总价(元)			**178.54**	**126.27**	**63.07**	**227.31**	**115.16**	**95.91**	**48.11**
	人工费(元)			106.65	32.40	16.20	49.95	25.65	24.30	12.15
	材料费(元)			47.85	54.09	26.98	116.04	58.02	41.78	21.04
	机械费(元)			24.04	39.78	19.89	61.32	31.49	29.83	14.92
组成内容		**单位**	**单价**	**数量**						
人工	综合工	工日	135.00	0.79	0.24	0.12	0.37	0.19	0.18	0.09
材料	磷化底漆	kg	19.25	1.68	—	—	—	—	—	—
	过氯乙烯底漆 G06-4	kg	13.87	—	1.96	0.98	—	—	—	—
	过氯乙烯磁漆 G52-1	kg	18.22	—	—	—	3.64	1.82	—	—
	过氯乙烯清漆 G52-2	kg	15.56	—	—	—	—	—	1.43	0.72
	过氯乙烯漆稀释剂 X3	kg	13.66	—	1.96	0.98	3.64	—	—	—
	过氯乙烯漆稀释剂 X6	kg	13.66	—	—	—	—	1.82	1.43	0.72
	丁醇	kg	8.76	0.27	—	—	—	—	—	—
	乙醇	kg	9.69	0.09	—	—	—	—	—	—
	汽油 60#～70#	kg	6.67	1.65	—	—	—	—	—	—
	破布	kg	5.07	0.2	—	—	—	—	—	—
	铁砂布 0#～2#	张	1.15	0.22	0.11	—	—	—	—	—
机械	轴流风机 7.5kW	台班	42.17	0.57	0.24	0.12	0.37	0.19	0.18	0.09
	电动空气压缩机 3m³	台班	123.57	—	0.24	0.12	0.37	0.19	0.18	0.09

十三、环氧银粉漆

工作内容： 运料、表面清洗、调配、涂刷。 **单位：** 10m²

编号				11-824	11-825	11-826	11-827	11-828	11-829
项目				设备		管道		支架	
				面漆					
				两遍	增一遍	两遍	增一遍	两遍	增一遍
预算基价	总价(元)			**241.58**	**114.96**	**285.30**	**135.10**	**212.59**	**96.31**
	人工费(元)			93.15	45.90	139.05	70.20	91.80	43.20
	材料费(元)			115.96	50.08	146.25	64.90	120.79	53.11
	机械费(元)			32.47	18.98	—	—	—	—
组成内容		**单位**	**单价**	**数量**					
人工	综合工	工日	135.00	0.69	0.34	1.03	0.52	0.68	0.32
材料	环氧树脂	kg	28.33	2.67	1.27	3.46	1.65	2.80	1.34
	银粉	kg	22.81	0.62	0.29	0.78	0.37	0.65	0.31
	丙酮	kg	9.89	0.77	0.38	0.84	0.42	0.78	0.38
	邻苯二甲酸二丁酯	kg	14.62	0.27	0.12	0.34	0.17	0.28	0.13
	乙二胺	kg	21.96	0.21	0.09	0.28	0.14	0.22	0.11
	汽油 60#～70#	kg	6.67	1.50	—	1.65	—	1.50	—
机械	轴流风机 7.5kW	台班	42.17	0.77	0.45	—	—	—	—

十四、KJ130涂料

工作内容：运料、表面清洗、调配、涂刷。 **单位**：$10m^2$

编号				11-830	11-831	11-832	11-833	11-834	11-835	11-836	11-837	11-838
项目				设备			管道			支架		
				底漆		面漆	底漆		面漆	底漆		面漆
				一遍	增一遍	每一遍	一遍	增一遍	每一遍	一遍	增一遍	每一遍
预算基价	总价(元)			**139.42**	**139.52**	**104.99**	**173.93**	**155.39**	**130.01**	**129.19**	**118.40**	**91.92**
	人工费(元)			75.60	83.70	55.35	117.45	113.40	82.35	78.30	81.00	52.65
	材料费(元)			50.33	36.84	37.41	56.48	41.99	47.66	50.89	37.40	39.27
	机械费(元)			13.49	18.98	12.23	—	—	—	—	—	—
组成内容		单位	单价	数量								
人工	综合工	工日	135.00	0.56	0.62	0.41	0.87	0.84	0.61	0.58	0.60	0.39
材料	KJ130涂料	kg	23.29	1.20	1.20	1.50	1.53	1.53	1.94	1.22	1.22	1.58
	丙酮	kg	9.89	0.80	0.55	0.25	0.88	0.63	0.25	0.81	0.56	0.25
	汽油 60# ～70#	kg	6.67	1.50	—	—	1.65	—	—	1.50	—	—
	破布	kg	5.07	0.2	—	—	0.2	—	—	0.2	—	—
	铁砂布 0# ～2#	张	1.15	3.00	3.00	—	0.11	0.11	—	3.00	3.00	—
机械	轴流风机 7.5kW	台班	42.17	0.32	0.45	0.29	—	—	—	—	—	—

十五、H87防腐涂料

工作内容：运料、表面清洗、调配、喷涂。 **单位：**10m²

编号				11-839	11-840	11-841	11-842	11-843	11-844	11-845	11-846
项目				H87防腐涂料					H8701防腐涂料		
				管道							
				底漆两遍	每增一遍	中间漆两遍	每增一遍	面漆两遍	底漆两遍	中间漆两遍	面漆两遍
预算基价	总价(元)			**75.78**	**74.19**	**227.93**	**111.11**	**123.71**	**148.86**	**225.23**	**123.71**
	人工费(元)			17.55	16.20	51.30	24.30	24.30	32.40	49.95	24.30
	材料费(元)			38.34	38.10	115.31	56.98	69.58	76.68	113.96	69.58
	机械费(元)			19.89	19.89	61.32	29.83	29.83	39.78	61.32	29.83
组成内容		单位	单价	数量							
人工	综合工	工日	135.00	0.13	0.12	0.38	0.18	0.18	0.24	0.37	0.18
材料	H87涂料	kg	23.89	1.21	1.20	4.05	2.00	2.40	—	—	—
	H8701涂料	kg	23.89	—	—	—	—	—	2.42	4.00	2.40
	H87稀释剂	kg	7.70	0.60	0.60	2.02	1.00	1.20	—	—	—
	H8701稀释剂	kg	7.70	—	—	—	—	—	1.2	2.0	1.2
	破布	kg	5.07	0.2	0.2	—	—	—	0.4	—	—
	铁砂布 0#～2#	张	1.15	2	2	—	—	—	4	—	—
	零星材料费	元	—	1.50	1.50	3.00	1.50	3.00	3.00	3.00	3.00
机械	轴流风机 7.5kW	台班	42.17	0.12	0.12	0.37	0.18	0.18	0.24	0.37	0.18
	电动空气压缩机 3m³	台班	123.57	0.12	0.12	0.37	0.18	0.18	0.24	0.37	0.18

十六、硅酸锌防腐涂料

工作内容：运料、表面清洗、调配涂料、喷涂。 **单位**：$10m^2$

编号				11-847	11-848	11-849	11-850	11-851
项目				管道				
				底漆两遍	中间漆两遍	每增一遍	面漆一遍	每增一遍
预算基价	总价(元)			**461.20**	**410.67**	**201.68**	**389.46**	**187.36**
	人工费(元)			328.05	270.00	133.65	256.50	121.50
	材料费(元)			93.37	81.00	36.54	69.98	34.37
	机械费(元)			39.78	59.67	31.49	62.98	31.49
组成内容		**单位**	**单价**	**数量**				
人工	综合工	工日	135.00	2.43	2.00	0.99	1.90	0.90
材料	硅酸锌涂料	kg	19.69	4.62	4.02	1.80	3.46	1.70
	零星材料费	元	—	2.40	1.85	1.10	1.85	0.90
机械	轴流风机 7.5kW	台班	42.17	0.24	0.36	0.19	0.38	0.19
	电动空气压缩机 $3m^3$	台班	123.57	0.24	0.36	0.19	0.38	0.19

十七、NSJ特种防腐涂料

工作内容：运料、表面清洗、调配、涂刷。　　　　**单位：**10m^2

编号				11-852	11-853	11-854	11-855
项目				设备			
				底漆一遍	底漆两遍	面漆一遍	面漆两遍
预算基价	总价(元)			**162.12**	**310.37**	**150.37**	**292.24**
	人工费(元)			74.25	140.40	67.50	132.30
	材料费(元)			72.69	139.61	67.69	129.58
	机械费(元)			15.18	30.36	15.18	30.36
组成内容		**单位**	**单价**	**数量**			
人工	综合工	工日	135.00	0.55	1.04	0.50	0.98
材料	NSJ特种防腐涂料	kg	29.60	2.23	4.36	2.10	4.06
	NSJ稀释剂	kg	14.48	0.25	0.50	0.25	0.50
	破布	kg	5.07	0.15	0.20	0.15	0.20
	铁砂布 0[#]～2[#]	张	1.15	2	2	1	1
机械	轴流风机 7.5kW	台班	42.17	0.36	0.72	0.36	0.72

十八、涂料聚合一次

工作内容：安拆灯、调节、检查。

单位：10m²

编号				11-856	11-857	11-858	11-859	11-860	11-861
项目				蒸汽			红外线		
				设备	管道	支架	设备	管道	支架
预算基价	总价(元)			**1037.93**	**631.29**	**518.86**	**294.78**	**266.43**	**324.48**
	人工费(元)			837.00	510.30	419.85	287.55	259.20	317.25
	材料费(元)			200.93	120.99	99.01	4.83	4.83	4.83
	机械费(元)			—	—	—	2.40	2.40	2.40
组成内容		**单位**	**单价**	**数量**					
人工	综合工	工日	135.00	6.20	3.78	3.11	2.13	1.92	2.35
材料	蒸汽	t	14.56	13.80	8.31	6.80	—	—	—
	红外线灯泡 220V 1000W	个	235.26	—	—	—	0.02	0.02	0.02
	零星材料费	元	—	—	—	—	0.12	0.12	0.12
机械	综合机械	元	—	—	—	—	2.40	2.40	2.40

第五章　玻璃钢衬里工程

说 明

一、本章适用范围：碳钢设备玻璃钢衬里，塑料管道玻璃钢增强和漆酚衬布工程。

二、本章工作内容的工序中不包括金属表面除锈。需要除锈时，执行第一章“除锈工程”相应子目。

三、如因设计要求或施工条件不同，所用固化剂、稀释剂、增塑剂和填料的品种或配合比不同时，可按本章子目中各种玻璃钢胶液中树脂耗用量为基数，进行换算。

四、玻璃钢聚合采用间接聚合法，如选用其他方法聚合时，依施工方案另行计算。

工程量计算规则

玻璃钢衬里工程依设计图示尺寸按面积计算。

一、环氧树脂玻璃钢

工作内容： 运料、填料干燥、过筛、设备清洗、胶料配制、腻子配制、刷涂胶料、嵌刮腻子、衬玻璃布(包括玻璃丝布脱脂和下料)。 **单位：** $10m^2$

编号				11-862	11-863	11-864	11-865	11-866	11-867	11-868	11-869
项目				碳钢设备				塑料管加强			
				底漆一遍	刮腻子	衬布一层	面漆一遍	底漆一遍	缠布两层	缠布一层	面漆一遍
预算基价	总价(元)			**150.52**	**39.31**	**886.12**	**103.00**	**320.06**	**1274.01**	**821.68**	**110.33**
	人工费(元)			72.90	24.30	733.05	48.60	271.35	1108.35	720.90	68.85
	材料费(元)			58.64	15.01	100.78	42.17	48.71	165.66	100.78	41.48
	机械费(元)			18.98	—	52.29	12.23	—	—	—	—
	组成内容	**单位**	**单价**	**数量**							
人工	综合工	工日	135.00	0.54	0.18	5.43	0.36	2.01	8.21	5.34	0.51
材料	环氧树脂	kg	28.33	1.17	0.23	1.76	1.17	1.17	2.64	1.76	1.17
	石英粉	kg	0.42	0.23	0.46	0.26	0.12	0.23	0.39	0.26	0.12
	乙二胺	kg	21.96	0.09	0.02	0.14	0.09	0.09	0.21	0.14	0.09
	丙酮	kg	9.89	0.53	0.30	0.70	0.53	0.53	1.05	0.70	0.46
	邻苯二甲酸二丁酯	kg	14.62	0.18	0.02	0.18	0.12	0.18	0.27	0.18	0.12
	乙醇	kg	9.69	1.5	—	—	—	—	—	—	—
	破布	kg	5.07	0.2	—	—	—	0.2	—	—	—
	铁砂布 0#～2#	张	1.15	—	4	2	—	4	—	2	—
	玻璃丝布 δ0.2	m^2	3.12	—	—	11.5	—	—	23.0	11.5	—
机械	轴流风机 7.5kW	台班	42.17	0.45	—	1.24	0.29	—	—	—	—

二、环氧、酚醛玻璃钢

工作内容： 运料、填料干燥、过筛、设备清洗、胶料配制、腻子配制、刷涂胶料、嵌刮腻子、衬玻璃布（包括玻璃丝布脱脂和下料）。 **单位：** $10m^2$

编号				11-870	11-871	11-872	11-873	11-874	11-875	11-876	11-877
项目				碳钢设备				塑料管加强			
				底漆一遍	刮腻子	衬布一层	面漆一遍	底漆一遍	缠布两层	缠布一层	面漆一遍
预算基价	总价(元)			**150.52**	**39.31**	**875.78**	**95.60**	**320.06**	**1258.85**	**811.34**	**103.52**
	人工费(元)			72.90	24.30	733.05	48.60	271.35	1108.35	720.90	68.85
	材料费(元)			58.64	15.01	90.44	34.77	48.71	150.50	90.44	34.67
	机械费(元)			18.98	—	52.29	12.23	—	—	—	—
组成内容		单位	单价	数量							
人工	综合工	工日	135.00	0.54	0.18	5.43	0.36	2.01	8.21	5.34	0.51
材料	环氧树脂	kg	28.33	1.17	0.23	1.23	0.82	1.17	1.85	1.23	0.82
	石英粉	kg	0.42	0.23	0.46	0.26	0.18	0.23	0.39	0.26	0.18
	乙二胺	kg	21.96	0.09	0.02	0.11	0.07	0.09	0.17	0.11	0.07
	丙酮	kg	9.89	0.53	0.30	0.79	0.53	0.53	1.19	0.79	0.52
	邻苯二甲酸二丁酯	kg	14.62	0.18	0.02	0.12	0.08	0.18	0.18	0.12	0.08
	乙醇	kg	9.69	1.5	—	—	—	—	—	—	—
	破布	kg	5.07	0.2	—	—	—	0.2	—	—	—
	铁砂布 0# ～2#	张	1.15	—	4	2	—	4	—	2	—
	酚醛树脂 2130	kg	10.04	—	—	0.53	0.35	—	0.80	0.53	0.35
	玻璃丝布 δ0.2	m^2	3.12	—	—	11.5	—	—	23.0	11.5	—
机械	轴流风机 7.5kW	台班	42.17	0.45	—	1.24	0.29	—	—	—	—

三、环氧、呋喃玻璃钢

工作内容：运料、填料干燥、过筛、设备清洗、胶料配制、腻子配制、刷涂胶料、嵌刮腻子、衬玻璃布(包括玻璃丝布脱脂和下料)。　　**单位：**$10m^2$

编号				11-878	11-879	11-880	11-881	11-882	11-883	11-884	11-885
项目				碳钢设备				塑料管加强			
				底漆一遍	刮腻子	衬布一层	面漆一遍	底漆一遍	缠布两层	缠布一层	面漆一遍
预算基价	总价(元)			**150.52**	**39.31**	**873.67**	**94.79**	**320.06**	**1255.63**	**809.23**	**103.42**
	人工费(元)			72.90	24.30	733.05	48.60	271.35	1108.35	720.90	68.85
	材料费(元)			58.64	15.01	88.33	33.96	48.71	147.28	88.33	34.57
	机械费(元)			18.98	—	52.29	12.23	—	—	—	—
组成内容		**单位**	**单价**	**数量**							
人工	综合工	工日	135.00	0.54	0.18	5.43	0.36	2.01	8.21	5.34	0.51
材料	环氧树脂	kg	28.33	1.17	0.23	1.23	0.82	1.17	1.85	1.23	0.82
	石英粉	kg	0.42	0.23	0.46	0.26	0.18	0.23	0.39	0.26	0.23
	乙二胺	kg	21.96	0.09	0.02	0.11	0.07	0.09	0.17	0.11	0.07
	丙酮	kg	9.89	0.53	0.30	0.70	0.53	0.53	1.05	0.70	0.53
	邻苯二甲酸二丁酯	kg	14.62	0.18	0.02	0.12	0.08	0.18	0.18	0.12	0.12
	乙醇	kg	9.69	1.5	—	—	—	—	—	—	—
	破布	kg	5.07	0.2	—	—	—	0.2	—	—	—
	铁砂布 0#～2#	张	1.15	—	4	2	—	4	—	2	—
	糠醇树脂	kg	7.74	—	—	0.53	0.35	—	0.80	0.53	0.35
	玻璃丝布 δ0.2	m^2	3.12	—	—	11.5	—	—	23.0	11.5	—
机械	轴流风机 7.5kW	台班	42.17	0.45	—	1.24	0.29	—	—	—	—

四、酚醛玻璃钢

工作内容： 填料干燥、过筛，玻璃丝布脱脂、下料、贴衬。　　　　**单位：** 10m²

编号				11-886	11-887	11-888	11-889	11-890	11-891	11-892	11-893
项目				碳钢设备				塑料管加强			
				底漆一遍	刮腻子	衬布一层	面漆一遍	底漆一遍	缠布两层	缠布一层	面漆一遍
预算基价	总价(元)			**150.52**	**39.31**	**852.80**	**80.35**	**320.06**	**1230.57**	**788.36**	**88.37**
	人工费(元)			72.90	24.30	733.05	48.60	271.35	1108.35	720.90	68.85
	材料费(元)			58.64	15.01	67.46	19.52	48.71	122.22	67.46	19.52
	机械费(元)			18.98	—	52.29	12.23	—	—	—	—
组成内容		单位	单价	数量							
人工	综合工	工日	135.00	0.54	0.18	5.43	0.36	2.01	8.21	5.34	0.51
材料	环氧树脂	kg	28.33	1.17	0.23	—	—	1.17	—	—	—
	石英粉	kg	0.42	0.23	0.46	—	—	0.23	—	—	—
	乙二胺	kg	21.96	0.09	0.02	—	—	0.09	—	—	—
	丙酮	kg	9.89	0.53	0.30	—	—	0.53	—	—	—
	乙醇	kg	9.69	1.50	—	0.79	0.53	—	1.86	0.79	0.53
	邻苯二甲酸二丁酯	kg	14.62	0.18	0.02	—	—	0.18	—	—	—
	破布	kg	5.07	0.2	—	—	—	0.2	—	—	—
	铁砂布 0#～2#	张	1.15	—	4	2	—	4	—	2	—
	酚醛树脂 2130	kg	10.04	—	—	1.76	1.17	—	2.64	1.76	1.17
	瓷粉	kg	0.96	—	—	0.26	0.18	—	0.39	0.26	0.18
	玻璃丝布 δ0.2	m²	3.12	—	—	11.5	—	—	23.0	11.5	—
	苯磺酰氯	kg	14.49	—	—	0.18	0.12	—	0.27	0.18	0.12
	桐油钙松香	kg	6.08	—	—	0.18	0.12	—	0.27	0.18	0.12
机械	轴流风机 7.5kW	台班	42.17	0.45	—	1.24	0.29	—	—	—	—

五、环氧煤焦油玻璃钢

工作内容： 填料干燥、过筛，玻璃丝布脱脂、下料、贴衬。 **单位：** $10m^2$

编号				11-894	11-895	11-896	11-897	11-898	11-899	11-900	11-901
项目				碳钢设备				塑料管加强			
				底漆一遍	刮腻子	衬布一层	面漆一遍	底漆一遍	缠布两层	缠布一层	面漆一遍
预算基价	总价(元)			**150.52**	**39.31**	**853.75**	**80.59**	**320.06**	**1225.57**	**789.31**	**88.61**
	人工费(元)			72.90	24.30	733.05	48.60	271.35	1108.35	720.90	68.85
	材料费(元)			58.64	15.01	68.41	19.76	48.71	117.22	68.41	19.76
	机械费(元)			18.98	—	52.29	12.23	—	—	—	—
组成内容		**单位**	**单价**	**数量**							
人工	综合工	工日	135.00	0.54	0.18	5.43	0.36	2.01	8.21	5.34	0.51
材料	环氧树脂	kg	28.33	1.17	0.23	0.88	0.59	1.17	1.32	0.88	0.59
	石英粉	kg	0.42	0.23	0.46	0.26	0.12	0.23	0.39	0.26	0.12
	丙酮	kg	9.89	0.53	0.30	—	—	0.53	—	—	—
	乙二胺	kg	21.96	0.09	0.02	0.07	0.05	0.09	0.11	0.07	0.05
	邻苯二甲酸二丁酯	kg	14.62	0.18	0.02	—	—	0.18	—	—	—
	乙醇	kg	9.69	1.5	—	—	—	—	—	—	—
	破布	kg	5.07	0.2	—	—	—	0.2	—	—	—
	铁砂布 0#～2#	张	1.15	—	4	2	—	4	—	2	—
	煤焦油	kg	1.15	—	—	0.88	0.59	—	1.32	0.88	0.59
	玻璃丝布 δ0.2	m^2	3.12	—	—	11.5	—	—	23.0	11.5	—
	甲苯	kg	10.17	—	—	0.26	0.12	—	0.39	0.26	0.12
机械	轴流风机 7.5kW	台班	42.17	0.45	—	1.24	0.29	—	—	—	—

六、酚醛、呋喃玻璃钢

工作内容： 运料、填料干燥、过筛、设备清洗、胶料配制、腻子配制、刷涂胶料、嵌刮腻子、衬玻璃布(包括玻璃丝布脱脂和下料)。 **单位：** $10m^2$

编号				11-902	11-903	11-904	11-905	11-906	11-907	11-908	11-909
项目				碳钢设备				塑料管加强			
				底漆一遍	刮腻子	衬布一层	面漆一遍	底漆一遍	缠布两层	缠布一层	面漆一遍
预算基价	总价(元)			**150.52**	**41.65**	**849.62**	**78.90**	**320.06**	**1233.96**	**785.18**	**86.37**
	人工费(元)			72.90	24.30	733.05	48.60	271.35	1108.35	720.90	68.85
	材料费(元)			58.64	17.35	64.28	18.07	48.71	125.61	64.28	17.52
	机械费(元)			18.98	—	52.29	12.23	—	—	—	—
组成内容		单位	单价	数量							
人工	综合工	工日	135.00	0.54	0.18	5.43	0.36	2.01	8.21	5.34	0.51
材料	环氧树脂	kg	28.33	1.17	0.23	—	—	1.17	—	—	—
	石英粉	kg	0.42	0.23	0.46	0.26	0.12	0.23	0.39	0.26	0.23
	乙二胺	kg	21.96	0.09	0.02	—	—	0.09	—	—	—
	丙酮	kg	9.89	0.53	0.30	0.70	0.53	0.53	1.05	0.70	0.47
	邻苯二甲酸二丁酯	kg	14.62	0.18	0.18	0.18	0.12	0.18	0.28	0.18	0.12
	乙醇	kg	9.69	1.5	—	—	—	—	—	—	—
	破布	kg	5.07	0.2	—	—	—	0.2	—	—	—
	铁砂布 0#～2#	张	1.15	—	4	2	—	4	—	2	—
	酚醛树脂 2130	kg	10.04	—	—	0.53	0.35	—	0.79	0.53	0.35
	糠醇树脂	kg	7.74	—	—	1.23	0.82	—	1.85	1.23	0.82
	玻璃丝布 δ0.2	m^2	3.12	—	—	11.5	—	—	23.0	11.5	—
	苯磺酰氯	kg	14.49	—	—	0.11	0.08	—	1.17	0.11	0.08
机械	轴流风机 7.5kW	台班	42.17	0.45	—	1.24	0.29	—	—	—	—

七、YJ型呋喃树脂玻璃钢

工作内容： 填料干燥、过筛，玻璃丝布脱脂、下料、贴衬。

单位： 10m²

编号				11-910	11-911	11-912	11-913	11-914	11-915	11-916	11-917
项目				碳钢设备				塑料管加强			
				底漆一遍	刮腻子	衬布一层	面漆一遍	底漆一遍	缠布两层	缠布一层	面漆一遍
预算基价	总价(元)			**150.52**	**39.31**	**879.08**	**93.35**	**333.21**	**1263.44**	**814.64**	**101.37**
	人工费(元)			72.90	24.30	733.05	48.60	271.35	1108.35	720.90	68.85
	材料费(元)			58.64	15.01	93.74	32.52	61.86	155.09	93.74	32.52
	机械费(元)			18.98	—	52.29	12.23	—	—	—	—
组成内容		单位	单价	数量							
人工	综合工	工日	135.00	0.54	0.18	5.43	0.36	2.01	8.21	5.34	0.51
材料	环氧树脂	kg	28.33	1.17	0.23	—	—	1.17	—	—	—
	石英粉	kg	0.42	0.23	0.46	—	—	0.23	—	—	—
	乙二胺	kg	21.96	0.09	0.02	—	—	0.09	—	—	—
	丙酮	kg	9.89	0.53	0.30	—	—	0.53	—	—	—
	邻苯二甲酸二丁酯	kg	14.62	0.18	0.02	—	—	1.08	—	—	—
	乙醇	kg	9.69	1.5	—	—	—	—	—	—	—
	破布	kg	5.07	0.2	—	—	—	0.2	—	—	—
	铁砂布 0#～2#	张	1.15	—	4	2	—	4	—	2	—
	YJ型呋喃液	kg	16.96	—	—	2.50	1.50	—	3.75	2.50	1.50
	呋喃粉 YJ-1型	kg	10.12	—	—	1.30	0.70	—	1.95	1.30	0.70
	玻璃丝布 δ0.2	m²	3.12	—	—	11.5	—	—	23.0	11.5	—
机械	轴流风机 7.5kW	台班	42.17	0.45	—	1.24	0.29	—	—	—	—

八、聚酯树脂玻璃钢

工作内容：运料、填料干燥、过筛、设备清洗、胶料配制、腻子配制、刷涂胶料、嵌刮腻子、衬玻璃布（包括玻璃丝布脱脂和下料）。 **单位：**10m²

编号				11-918	11-919	11-920	11-921	11-922	11-923	11-924	11-925
项目				碳钢设备				塑料管加强			
				底漆一遍	刮腻子	衬布一层	面漆一遍	底漆一遍	缠布两层	缠布一层	面漆一遍
预算基价	总价(元)			**150.52**	**39.31**	**881.63**	**99.40**	**320.06**	**1267.38**	**817.37**	**107.42**
	人工费(元)			72.90	24.30	733.05	48.60	271.35	1108.35	720.90	68.85
	材料费(元)			58.64	15.01	96.29	38.57	48.71	159.03	96.47	38.57
	机械费(元)			18.98	—	52.29	12.23	—	—	—	—
组成内容		**单位**	**单价**	**数量**							
人工	综合工	工日	135.00	0.54	0.18	5.43	0.36	2.01	8.21	5.34	0.51
材料	环氧树脂	kg	28.33	1.17	0.23	—	—	1.17	—	—	—
	石英粉	kg	0.42	0.23	0.46	0.26	0.12	0.23	0.39	0.26	0.12
	乙二胺	kg	21.96	0.09	0.02	—	—	0.09	—	—	—
	丙酮	kg	9.89	0.53	0.30	—	—	0.53	—	—	—
	邻苯二甲酸二丁酯	kg	14.62	0.18	0.02	—	—	0.18	—	—	—
	乙醇	kg	9.69	1.5	—	—	—	—	—	—	—
	破布	kg	5.07	0.2	—	—	—	0.2	—	—	—
	铁砂布 0#～2#	张	1.15	—	4	2	—	4	—	2	—
	双酚A型不饱和聚酯树脂	kg	31.70	—	—	1.76	1.17	—	2.64	1.76	1.17
	过氧化环乙酮糊液 50%	kg	21.81	—	—	0.07	0.05	—	0.11	0.07	0.05
	玻璃丝布 δ0.2	m²	3.12	—	—	11.50	—	—	23.00	11.56	—
	环烷酸钴苯乙烯溶液	kg	16.96	—	—	0.04	0.02	—	0.06	0.04	0.02
机械	轴流风机 7.5kW	台班	42.17	0.45	—	1.24	0.29	—	—	—	—

九、漆酚树脂玻璃钢

工作内容： 填料干燥、过筛，玻璃丝布脱脂、下料、贴衬。

单位： 10m²

编号				11-926	11-927	11-928	11-929
项目				碳钢设备			
				底漆一遍	刮腻子	衬布一层	面漆一遍
预算基价	总价(元)			**200.08**	**56.21**	**1083.71**	**141.39**
	人工费(元)			72.90	24.30	733.05	48.60
	材料费(元)			108.20	23.05	298.37	80.56
	机械费(元)			18.98	8.86	52.29	12.23
组成内容		**单位**	**单价**	**数量**			
人工	综合工	工日	135.00	0.54	0.18	5.43	0.36
材料	生漆	kg	65.76	1.18	0.24	1.77	1.18
	瓷粉	kg	0.96	0.59	0.48	0.53	—
	溶剂汽油 200#	kg	6.90	2.10	0.32	0.60	0.43
	乙醇	kg	9.69	1.5	—	—	—
	破布	kg	5.07	0.2	—	—	—
	铁砂布 0# ～2#	张	1.15	—	4	2	—
	麻袋布	m²	15.22	—	—	11.5	—
机械	轴流风机 7.5kW	台班	42.17	0.45	0.21	1.24	0.29

十、各种玻璃钢聚合

工作内容：装炉、调整炉温、记录出炉、检查。

单位：10m²

编号				11-930
项目				各种玻璃钢聚合一次
预算基价	总价(元)			**1384.35**
	人工费(元)			1116.45
	材料费(元)			267.90
组成内容		**单位**	**单价**	**数量**
人工	综合工	工日	135.00	8.27
材料	蒸汽	t	14.56	18.4

第六章　橡胶板及塑料板衬里工程

说　明

一、本章适用范围：金属管道、管件、阀门、多孔板、设备的橡胶板衬里工程、金属表面的聚合异丁烯板衬里工程和金属表面的软聚氯乙烯塑料板衬里工程。

二、本章子目中橡胶板及塑料板用量包括：

1.有效面积需用量（不扣除人孔）。

2.搭接面积需用量。

3.法兰翻边及下料时的合理损耗量。

三、热硫化橡胶板的硫化方法，按间接硫化处理考虑，需要直接硫化处理时，其人工工日乘以系数1.25，所需材料和机械费用按施工方案另行计算。

四、本章子目中塑料板衬里工程，搭接缝均按胶接考虑，若采用焊接时，其人工工日乘以系数1.80，胶浆用量乘以系数0.50，聚氯乙烯塑料焊条用量为5.19kg/10m^2。

五、带有超过总面积15%需要衬里零件的贮槽、塔类设备，可按锥体设备计算。

工程量计算规则

橡胶板及塑料板衬里工程依设计图示尺寸按面积计算。

一、热硫化硬橡胶衬里

工作内容：运料、下料、削边、配制胶浆、清洗、刷胶浆、贴衬胶板、硫化、硬度检查。 **单位：**$10m^2$

编号				11-931	11-932	11-933	11-934	11-935	11-936	11-937	11-938	11-939	11-940
项目				塔、槽类设备				锥形设备				多孔板	
				*D*1.5m以内		*D*1.5m以外		*D*1.5m以内		*D*1.5m以外			
				一层	两层	一层	两层	一层	两层	一层	两层	一层	两层
预算基价	总价(元)			**1761.54**	**2764.86**	**1629.24**	**2519.16**	**1843.89**	**2980.86**	**1691.34**	**2694.66**	**7748.72**	**13043.14**
	人工费(元)			1579.50	2454.30	1447.20	2208.60	1661.85	2670.30	1509.30	2384.10	7558.65	12719.70
	材料费(元)			133.12	213.15	133.12	213.15	133.12	213.15	133.12	213.15	141.15	226.03
	机械费(元)			48.92	97.41	48.92	97.41	48.92	97.41	48.92	97.41	48.92	97.41
组成内容		单位	单价	数量									
人工	综合工	工日	135.00	11.70	18.18	10.72	16.36	12.31	19.78	11.18	17.66	55.99	94.22
材料	硬橡胶板	m^2	—	(11.24)	(22.48)	(11.20)	(22.40)	(11.26)	(22.52)	(11.22)	(22.44)	(11.78)	(23.56)
	胶料 S1002	kg	8.31	1.99	3.58	1.99	3.58	1.99	3.58	1.99	3.58	2.00	3.60
	白布	m^2	10.34	0.3	0.3	0.3	0.3	0.3	0.3	0.3	0.3	0.3	0.3
	丝绸绝缘布	m^2	7.90	0.5	0.5	0.5	0.5	0.5	0.5	0.5	0.5	0.5	0.5
	橡胶溶解剂油	kg	2.74	19.10	34.36	19.10	34.36	19.10	34.36	19.10	34.36	22.00	39.00
	焦炭	kg	1.25	20	40	20	40	20	40	20	40	20	40
	木柴	kg	1.03	2	2	2	2	2	2	2	2	2	2
	蒸汽	t	14.56	2.07	2.07	2.07	2.07	2.07	2.07	2.07	2.07	2.07	2.07
机械	轴流风机 7.5kW	台班	42.17	1.16	2.31	1.16	2.31	1.16	2.31	1.16	2.31	1.16	2.31

工作内容： 运料、下料、削边、配制胶浆、清洗、刷胶浆、贴衬胶板、硫化、硬度检查。

单位： $10m^2$

编号				11-941	11-942	11-943	11-944	11-945	11-946	11-947	11-948
项目				管道				阀门			
				D108以内		D426以内		D76以内		D133以内	
				一层	两层	一层	两层	一层	两层	一层	两层
预算基价	总价(元)			**2314.76**	**4099.80**	**1658.66**	**2686.98**	**2305.10**	**3419.19**	**2211.95**	**3201.84**
	人工费(元)			2134.35	3780.00	1478.25	2353.05	2127.60	3102.30	2034.45	2884.95
	材料费(元)			131.49	222.39	131.49	236.52	128.58	219.48	128.58	219.48
	机械费(元)			48.92	97.41	48.92	97.41	48.92	97.41	48.92	97.41
组成内容		**单位**	**单价**	**数量**							
人工	综合工	工日	135.00	15.81	28.00	10.95	17.43	15.76	22.98	15.07	21.37
材料	硬橡胶板	m^2	—	(11.64)	(22.96)	(11.28)	(22.56)	(10.83)	(21.64)	(11.22)	(22.44)
	胶料 S1002	kg	8.31	2.0	3.6	2.0	3.6	2.0	3.6	2.0	3.6
	白布	m^2	10.34	0.3	0.3	0.3	0.3	0.3	0.3	0.3	0.3
	丝绸绝缘布	m^2	7.90	0.5	0.5	0.5	0.5	0.5	0.5	0.5	0.5
	橡胶溶解剂油	kg	2.74	24.0	43.2	24.0	43.2	24.0	43.2	24.0	43.2
	焦炭	kg	1.25	20	40	20	40	20	40	20	40
	木柴	kg	1.03	2	2	2	2	2	2	2	2
	蒸汽	t	14.56	1.03	1.03	1.03	2.00	0.83	0.83	0.83	0.83
机械	轴流风机 7.5kW	台班	42.17	1.16	2.31	1.16	2.31	1.16	2.31	1.16	2.31

工作内容： 运料、下料、削边、配制胶浆、清洗、刷胶浆、贴衬胶板、硫化、硬度检查。　　　　**单位：** $10m^2$

编号				11-949	11-950	11-951	11-952	11-953	11-954	11-955	11-956
项目				弯头				管件			
				D108以内		D426以内		D108以内		D426以内	
				一层	两层	一层	两层	一层	两层	一层	两层
预算基价	总价(元)			**2291.60**	**3226.14**	**1697.60**	**2594.22**	**1927.10**	**2798.19**	**1570.70**	**2390.49**
	人工费(元)			2114.10	2909.25	1520.10	2285.55	1749.60	2481.30	1393.20	2073.60
	材料费(元)			128.58	219.48	128.58	211.26	128.58	219.48	128.58	219.48
	机械费(元)			48.92	97.41	48.92	97.41	48.92	97.41	48.92	97.41
组成内容		**单位**	**单价**	**数量**							
人工	综合工	工日	135.00	15.66	21.55	11.26	16.93	12.96	18.38	10.32	15.36
材料	硬橡胶板	m^2	—	(13.27)	(26.54)	(12.43)	(24.86)	(12.09)	(24.18)	(11.27)	(22.54)
	胶料 S1002	kg	8.31	2.0	3.6	2.0	3.6	2.0	3.6	2.0	3.6
	白布	m^2	10.34	0.3	0.3	0.3	0.3	0.3	0.3	0.3	0.3
	丝绸绝缘布	m^2	7.90	0.5	0.5	0.5	0.5	0.5	0.5	0.5	0.5
	橡胶溶解剂油	kg	2.74	24.0	43.2	24.0	40.2	24.0	43.2	24.0	43.2
	焦炭	kg	1.25	20	40	20	40	20	40	20	40
	木柴	kg	1.03	2	2	2	2	2	2	2	2
	蒸汽	t	14.56	0.83	0.83	0.83	0.83	0.83	0.83	0.83	0.83
机械	轴流风机 7.5kW	台班	42.17	1.16	2.31	1.16	2.31	1.16	2.31	1.16	2.31

二、热硫化软橡胶衬里

工作内容：运料、下料、削边、配制胶浆、清洗、刷胶浆、贴衬胶板、硫化、硬度检查。

单位：10m²

编号				11-957	11-958	11-959	11-960	11-961	11-962	11-963	11-964	11-965	11-966
项目				塔、槽类设备				锥形设备				多孔板	
				D1.5m以内		D1.5m以外		D1.5m以内		D1.5m以外			
				一层	两层	一层	两层	一层	两层	一层	两层	一层	两层
预算基价	总价(元)			**1788.78**	**2813.52**	**1656.48**	**2567.82**	**1871.13**	**3029.52**	**1718.58**	**2743.32**	**7767.93**	**13078.92**
	人工费(元)			1579.50	2454.30	1447.20	2208.60	1661.85	2670.30	1509.30	2384.10	7558.65	12719.70
	材料费(元)			160.36	261.81	160.36	261.81	160.36	261.81	160.36	261.81	160.36	261.81
	机械费(元)			48.92	97.41	48.92	97.41	48.92	97.41	48.92	97.41	48.92	97.41
组成内容		单位	单价	数量									
人工	综合工	工日	135.00	11.70	18.18	10.72	16.36	12.31	19.78	11.18	17.66	55.99	94.22
材料	软橡胶板	m²	—	(11.20)	(22.40)	(11.10)	(22.20)	(11.21)	(22.42)	(11.21)	(22.42)	(11.21)	(22.42)
	胶料 4508#	kg	7.05	1.32	2.37	1.32	2.37	1.32	2.37	1.32	2.37	1.32	2.37
	白布	m²	10.34	0.3	0.3	0.3	0.3	0.3	0.3	0.3	0.3	0.3	0.3
	丝绸绝缘布	m²	7.90	0.5	0.5	0.5	0.5	0.5	0.5	0.5	0.5	0.5	0.5
	橡胶溶解剂油	kg	2.74	31.68	56.88	31.68	56.88	31.68	56.88	31.68	56.88	31.68	56.88
	焦炭	kg	1.25	20	40	20	40	20	40	20	40	20	40
	木柴	kg	1.03	2	2	2	2	2	2	2	2	2	2
	蒸汽	t	14.56	2.07	2.07	2.07	2.07	2.07	2.07	2.07	2.07	2.07	2.07
机械	轴流风机 7.5kW	台班	42.17	1.16	2.31	1.16	2.31	1.16	2.31	1.16	2.31	1.16	2.31

三、热硫化硬、软橡胶复合层衬里

工作内容：运料、下料、削边、配制胶浆、清洗、刷胶浆、贴衬胶板、硫化、硬度检查。 **单位：**10m²

编号				11-967	11-968	11-969	11-970	11-971
项目				塔、槽类设备		锥形设备		多孔板
				D1.5m以内	D1.5m以外	D1.5m以内	D1.5m以外	
				两层				
预算基价	总价(元)			**2786.30**	**2540.60**	**3002.30**	**2716.10**	**13051.70**
	人工费(元)			2454.30	2208.60	2670.30	2384.10	12719.70
	材料费(元)			234.59	234.59	234.59	234.59	234.59
	机械费(元)			97.41	97.41	97.41	97.41	97.41
组成内容		单位	单价	数量				
人工	综合工	工日	135.00	18.18	16.36	19.78	17.66	94.22
材料	硬橡胶板	m²	—	(11.24)	(11.20)	(11.26)	(11.22)	(11.78)
	软橡胶板	m²	—	(11.24)	(11.20)	(11.26)	(11.22)	(11.78)
	胶料 S1002	kg	8.31	2	2	2	2	2
	胶料 4508#	kg	7.05	1.04	1.04	1.04	1.04	1.04
	白布	m²	10.34	0.3	0.3	0.3	0.3	0.3
	丝绸绝缘布	m²	7.90	0.5	0.5	0.5	0.5	0.5
	橡胶溶解剂油	kg	2.74	44.3	44.3	44.3	44.3	44.3
	焦炭	kg	1.25	40	40	40	40	40
	木柴	kg	1.03	2	2	2	2	2
	蒸汽	t	14.56	2.07	2.07	2.07	2.07	2.07
机械	轴流风机 7.5kW	台班	42.17	2.31	2.31	2.31	2.31	2.31

四、预硫化橡胶衬里

工作内容： 运料、下料、削边、配制胶浆、清洗、刷胶浆、贴衬胶板压实、贴压盖胶板。 **单位：** 10m²

编号				11-972	11-973	11-974	11-975
项目				塔、槽类设备			
				D1.5m以内		D1.5m以外	
				一层	两层	一层	两层
预算基价	总价(元)			**2312.17**	**3491.40**	**2228.47**	**3365.85**
	人工费(元)			1968.30	2859.30	1884.60	2733.75
	材料费(元)			294.95	534.69	294.95	534.69
	机械费(元)			48.92	97.41	48.92	97.41
组成内容		**单位**	**单价**	**数量**			
人工	综合工	工日	135.00	14.58	21.18	13.96	20.25
材料	预硫橡胶板	m²	—	(11.24)	(22.48)	(11.20)	(22.40)
	盒胶板	kg	9.91	5.5	5.5	5.5	5.5
	胶粘剂 1#	kg	28.27	4.03	8.05	4.03	8.05
	胶粘剂 2#	kg	15.06	4.03	8.05	4.03	8.05
	固化剂	kg	38.49	0.48	0.96	0.48	0.96
	底涂料	kg	27.37	1.73	3.45	1.73	3.45
机械	轴流风机 7.5kW	台班	42.17	1.16	2.31	1.16	2.31

五、软聚氯乙烯塑料板衬里

工作内容：运料、下料、削边、打毛、清洗、刷胶、贴衬、滚压。 **单位：**10m²

编号				11-976	11-977
项目				金属表面	
				一层	两层
预算基价	总价(元)			**1581.86**	**3147.07**
	人工费(元)			1243.35	2465.10
	材料费(元)			317.42	639.80
	机械费(元)			21.09	42.17
组成内容		单位	单价	数量	
人工	综合工	工日	135.00	9.21	18.26
材料	软聚氯乙烯塑料板 δ2	m²	—	(11.10)	(22.20)
	过氯乙烯树脂	kg	23.10	2.99	5.98
	白布	m²	10.34	0.3	0.3
	二氯乙烷	kg	11.36	20.01	40.02
	丙酮	kg	9.89	1	2
	铁砂布 0#～2#	张	1.15	7	21
机械	轴流风机 7.5kW	台班	42.17	0.50	1.00

六、聚合异丁烯板衬里

工作内容：运料、下料、削边、清洗、刷胶、贴衬、压实。 **单位：**10m²

编 号				11-978	11-979	11-980	11-981
项 目				塔、槽类设备		锥形设备	
				*D*1.5m以内	*D*1.5m以外	*D*1.5m以内	*D*1.5m以外
				一层			
预算基价	总 价(元)			**1136.20**	**1007.10**	**1241.07**	**1066.25**
	人 工 费(元)			876.15	754.65	974.70	810.00
	材 料 费(元)			211.55	211.55	211.55	211.55
	机 械 费(元)			48.50	40.90	54.82	44.70
组 成 内 容		**单位**	**单价**	**数 量**			
人工	综合工	工日	135.00	6.49	5.59	7.22	6.00
材料	聚合异丁烯板 $\delta2$	m²	—	(11.20)	(11.15)	(11.31)	(11.25)
	401胶	kg	19.51	9	9	9	9
	稀释剂	kg	8.93	3.53	3.53	3.53	3.53
	白布	m²	10.34	0.3	0.3	0.3	0.3
	肥皂	块	1.34	1.0	1.0	1.0	1.0
机械	轴流风机 7.5kW	台班	42.17	1.15	0.97	1.30	1.06

第七章　衬铅及搪铅工程

说　明

一、本章适用范围：金属设备、型钢等表面衬铅、搪铅工程。

二、铅板焊接、搪铅采用氧乙炔焰；搪钉固定焊接采用氢氧焰。

三、设备衬铅，不分直径大小，均按卧放在滚动器上施工，对已经安装好的设备进行挂衬施工时，其人工工日乘以系数1.39；材料、机械消耗量不得调整。

四、设备、型钢表面衬铅，其铅板厚度按3mm考虑，若铅板厚度大于3mm时，人工工日乘以系数1.29；材料、机械按实计算。

五、本章子目不包括滚动器等胎具的制作安装费，需要时按施工方案另行计算。

六、搪铅子目不包括金属表面除锈费用，需要除锈时，执行本册基价第一章“除锈工程”相应基价子目。

工程量计算规则

衬铅及搪铅工程依设计图示尺寸按面积计算。

一、衬 铅

工作内容：运料、清洗、化焊条、下料、钻孔、铺铅板、把紧螺栓（除锈搪钉）、衬铅、氨气检查。 **单位：**10m²

编号				11-982	11-983	11-984	11-985
项目				设备			型钢及支架包铅
				压板法	搪钉法	螺栓固定法	
预算基价	总价(元)			**5273.17**	**6944.73**	**3621.70**	**6109.59**
	人工费(元)			2705.40	2479.95	2519.10	5543.10
	材料费(元)			1552.52	3449.53	87.35	36.80
	机械费(元)			1015.25	1015.25	1015.25	529.69
组成内容		**单位**	**单价**	**数量**			
人工	综合工	工日	135.00	20.04	18.37	18.66	41.06
材料	铅板 δ3.0	kg	—	(393.13)	(393.13)	(393.13)	(393.13)
	铅焊条	kg	—	(16)	(16)	(16)	(16)
	水	m³	7.62	0.1	0.1	0.1	0.1
	平头圆颈带帽螺栓 M10×40	个	0.30	120	—	60	—
	钢板压条 50×10	kg	7.68	187.2	—	—	—
	氧气	m³	2.88	3.9	3.9	3.9	2.0
	乙炔气	kg	14.66	1.70	1.70	1.70	0.87
	氨气	m³	3.82	1.6	1.6	1.6	1.6
	酚酞	kg	186.21	0.02	0.02	0.02	0.02
	乙醇	kg	9.69	0.3	0.3	0.3	0.3
	垫圈 M10～20	个	0.14	130	—	69	—
	焦炭	kg	1.25	6.4	6.4	6.4	2.2
	木柴	kg	1.03	1.6	1.6	1.6	1.6
	锌 99.99%	kg	23.32	—	0.8	—	—
	锡	kg	149.34	—	22.2	—	—
	稀盐酸	kg	3.02	—	1.1	—	—
	碳酸钠	kg	7.93	—	0.8	—	—
	氢气	m³	12.55	—	3.4	—	—
	毛刷	把	1.75	—	2	—	—
	零星材料费	元	—	1.32	0.38	0.38	0.38
机械	汽车式起重机 16t	台班	971.12	1.00	1.00	1.00	0.50
	电动空气压缩机 3m³	台班	123.57	0.05	0.05	0.05	0.05
	轴流风机 7.5kW	台班	42.17	0.90	0.90	0.90	0.90

二、搪　　铅

工作内容：运料、化焊条、搪铅、打磨。　　　　**单位：**10m²

编号				11-986	11-987
项目				设备封头、底	搅拌叶轮、轴类
				搪层4mm厚	
预算基价	总价(元)			**13034.72**	**18033.91**
	人工费(元)			9703.80	16301.25
	材料费(元)			1732.66	1732.66
	机械费(元)			1598.26	—
组成内容		单位	单价	数量	
人工	综合工	工日	135.00	71.88	120.75
材料	铅焊条	kg	—	(638.05)	(638.05)
	水	m³	7.62	2.54	2.54
	石棉保温板	kg	10.11	8.5	8.5
	氧气	m³	2.88	117	117
	乙炔气	kg	14.66	50.87	50.87
	氯化锌	kg	9.02	5.6	5.6
	氯化锡	kg	44.80	2.8	2.8
	硫酸 38%	kg	2.94	5	5
	焦炭	kg	1.25	213	213
	木柴	kg	1.03	85	85
	零星材料费	元	—	0.20	0.20
机械	汽车式起重机 8t	台班	767.15	0.94	—
	轴流风机 7.5kW	台班	42.17	20.80	—

第八章　喷 镀 工 程

说　明

一、本章适用范围：金属管道、设备、型钢等表面(金属铝丝、碳钢20#、30#、80#丝)气喷镀工程。

二、施工工具：采用国产SQP-1(高速、中速)气喷枪。

三、施工方法：采用氧乙炔焰喷镀，喷铅镀层厚度为0.15～0.30mm，喷钢镀层厚度为0.05～0.10mm。

四、本章不包括除锈工作内容。

工程量计算规则

喷镀工程依设计图示尺寸按面积计算。

一、喷　铝

工作内容：运料、铝丝脱脂、清洗、喷镀、质量检查。　　　　**单位：**10m²

编号				11-988	11-989	11-990	11-991	11-992
项目				设备(mm厚)		管道(mm厚)		型钢(mm厚)
				0.3	0.15	0.3	0.15	0.3
预算基价	总价(元)			**1327.64**	**1036.43**	**1430.72**	**1143.72**	**1430.72**
	人工费(元)			982.80	796.50	1055.70	869.40	1055.70
	材料费(元)			73.20	43.61	73.20	43.61	73.20
	机械费(元)			271.64	196.32	301.82	230.71	301.82
组成内容		**单位**	**单价**	**数量**				
人工	综合工	工日	135.00	7.28	5.90	7.82	6.44	7.82
材料	铝丝 *D*2	kg	—	(9.70)	(5.00)	(9.70)	(5.00)	(9.70)
	水	m³	7.62	0.20	0.20	0.20	0.20	0.20
	氧气胶管 *D*8	m	6.70	1	1	1	1	1
	氧气	m³	2.88	6.8	3.6	6.8	3.6	6.8
	乙炔气	kg	14.66	2.96	1.57	2.96	1.57	2.96
	零星材料费	元	—	2.00	2.00	2.00	2.00	2.00
机械	电动空气压缩机 6m³	台班	217.48	0.90	0.67	1.00	0.77	1.00
	轴流风机 7.5kW	台班	42.17	1.80	1.20	2.00	1.50	2.00

二、喷　　钢

工作内容：运料、钢丝脱脂、清洗、喷镀、质量检查。　　**单位：**$10m^2$

编　号				11-993	11-994	11-995
项　目				设备(mm厚)		零部件(mm厚)
				0.1	0.05	0.1
预算基价	总　价(元)			**2054.49**	**1630.91**	**2364.12**
	人　工　费(元)			1707.75	1366.20	1987.20
	材　料　费(元)			75.10	47.40	75.10
	机　械　费(元)			271.64	217.31	301.82
组成内容		**单位**	**单价**	**数　量**		
人工	综合工	工日	135.00	12.65	10.12	14.72
材料	钢丝	kg	—	(10)	(6)	(10)
	水	m^3	7.62	0.22	0.22	0.22
	氧气胶管 *D*8	m	6.70	1	1	1
	氧气	m^3	2.88	7.0	4.0	7.0
	乙炔气	kg	14.66	3.04	1.74	3.04
	零星材料费	元	—	2.00	2.00	2.00
机械	电动空气压缩机 $6m^3$	台班	217.48	0.90	0.72	1.00
	轴流风机 7.5kW	台班	42.17	1.80	1.44	2.00

三、喷　　锌

工作内容：运料、锌丝脱脂、清洗、喷镀、质量检查。　　　　**单位：**$10m^2$

编　　号				11-996	11-997	11-998	11-999	11-1000	11-1001	11-1002	11-1003	11-1004
项　　目				设备(mm厚)			管道(mm厚)			型钢(mm厚)		
				0.15	0.2	0.3	0.15	0.2	0.3	0.15	0.2	0.3
预算基价	总　　价(元)			**1052.17**	**1232.20**	**1364.17**	**1125.07**	**1305.10**	**1458.82**	**1126.83**	**1306.85**	**1462.04**
	人　工　费(元)			796.50	920.70	982.80	869.40	993.60	1055.70	869.40	993.60	1055.70
	材　料　费(元)			55.14	70.04	101.30	55.14	70.04	101.30	56.90	71.79	104.52
	机　械　费(元)			200.53	241.46	280.07	200.53	241.46	301.82	200.53	241.46	301.82
组成内容		**单位**	**单价**	**数　　量**								
人工	综合工	工日	135.00	5.90	6.82	7.28	6.44	7.36	7.82	6.44	7.36	7.82
材料	锌丝	kg	—	(13.20)	(17.10)	(25.60)	(13.20)	(17.10)	(25.60)	(13.33)	(17.20)	(25.70)
	氧气胶管 *D*8	m	6.70	1	1	1	1	1	1	1	1	1
	氧气	m^3	2.88	3.4	4.5	6.7	3.4	4.5	6.7	3.5	4.6	6.8
	乙炔气	kg	14.66	2.5	3.3	5.0	2.5	3.3	5.0	2.6	3.4	5.2
	零星材料费	元	—	2.00	2.00	2.00	2.00	2.00	2.00	2.00	2.00	2.00
机械	轴流风机 7.5kW	台班	42.17	1.30	1.60	2.00	1.30	1.60	2.00	1.30	1.60	2.00
	电动空气压缩机 $6m^3$	台班	217.48	0.67	0.80	0.90	0.67	0.80	1.00	0.67	0.80	1.00

四、喷　　铜

工作内容：运料、铜丝脱脂、清洗、喷镀、质量检查。

单位：10m²

编　号				11-1005	11-1006	11-1007	11-1008	11-1009	11-1010	11-1011	11-1012
项　目				喷　铜							
				设备(mm厚)				型钢(mm厚)			
				0.05	0.1	0.15	0.2	0.05	0.1	0.15	0.2
预算基价	总　价(元)			**1671.14**	**2086.51**	**2535.95**	**3018.42**	**1950.59**	**2365.96**	**2815.40**	**3235.77**
	人工费(元)			1385.10	1726.65	2069.55	2411.10	1664.55	2006.10	2349.00	2628.45
	材料费(元)			48.80	88.22	121.08	153.93	48.80	88.22	121.08	153.93
	机械费(元)			237.24	271.64	345.32	453.39	237.24	271.64	345.32	453.39
组成内容		单位	单价	数　量							
人工	综合工	工日	135.00	10.26	12.79	15.33	17.86	12.33	14.86	17.40	19.47
材料	铜丝 $D20\sim30$	kg	—	(6.80)	(11.35)	(17.50)	(22.70)	(6.80)	(11.35)	(17.50)	(22.70)
	氧气胶管 $D8$	m	6.70	1.1	1.1	1.1	1.1	1.1	1.1	1.1	1.1
	氧气	m³	2.88	3.0	6.0	8.5	11.0	3.0	6.0	8.5	11.0
	乙炔气	kg	14.66	2.10	4.20	5.95	7.70	2.10	4.20	5.95	7.70
	零星材料费	元	—	2.00	2.00	2.00	2.00	2.00	2.00	2.00	2.00
机械	轴流风机 7.5kW	台班	42.17	1.50	1.80	2.00	2.50	1.50	1.80	2.00	2.50
	电动空气压缩机 6m³	台班	217.48	0.80	0.90	1.20	1.60	0.80	0.90	1.20	1.60

第九章　耐酸砖、板衬里工程

说　明

一、本章适用范围：各种金属设备的耐酸砖、板衬里工程。

二、树脂耐酸胶泥包括环氧树脂、酚醛树脂、呋喃树脂、环氧酚醛树脂、环氧呋喃树脂耐酸胶泥等。

三、硅质耐酸胶泥衬砌块材勾缝时，其勾缝材料按相应子目树脂胶泥消耗量的10%计算，人工按相应子目人工消耗量的10%计算。

四、调制胶泥不分机械和手工操作，均执行本基价。

五、工序中不包括金属设备表面除锈，需要除锈时，可执行本册基价第一章“除锈工程”相应子目。

六、衬砌砖、板按规范进行自然养护考虑，若采用其他方法养护，其工程量依施工方案另行计算。

七、立式设备衬砌砖板，若发生碹拱砌筑时，每 $10m^2$ 碹拱应增加木材 $0.01m^3$、圆钉0.20kg，人工和机械消耗量已在基价内综合考虑，不得另计。

工程量计算规则

耐酸砖、板衬里工程依设计图示尺寸按面积计算。

一、硅质胶泥砌块材

1.230mm厚耐酸砖

工作内容：运料、清洗砖板、选砖板、调制胶泥、衬砌砖板、养护、酸洗。 **单位：**$10m^2$

编号				11-1013	11-1014	11-1015	11-1016	11-1017	11-1018	11-1019	11-1020
项目				圆形立式		圆形卧式		矩形		锥(塔)形	
				1.5m以内	1.5m以外	1.5m以内	1.5m以外	1.5m以内	1.5m以外	1.5m以内	1.5m以外
预算基价	总价(元)			**4909.20**	**4528.50**	**5250.75**	**5019.90**	**4560.90**	**4232.85**	**6022.95**	**5481.60**
	人工费(元)			4761.45	4380.75	5103.00	4872.15	4413.15	4085.10	5875.20	5333.85
	材料费(元)			18.07	18.07	18.07	18.07	18.07	18.07	18.07	18.07
	机械费(元)			129.68	129.68	129.68	129.68	129.68	129.68	129.68	129.68
组成内容		**单位**	**单价**	**数量**							
人工	综合工	工日	135.00	35.27	32.45	37.80	36.09	32.69	30.26	43.52	39.51
材料	硅质耐酸泥	m^3	—	(0.208)	(0.208)	(0.208)	(0.208)	(0.208)	(0.208)	(0.208)	(0.208)
	耐酸砖 230×113×65	块	—	(1350)	(1350)	(1350)	(1350)	(1350)	(1350)	(1350)	(1350)
	水	m^3	7.62	1.6	1.6	1.6	1.6	1.6	1.6	1.6	1.6
	硫酸 38%	kg	2.94	2	2	2	2	2	2	2	2
机械	灰浆搅拌机 200L	台班	208.76	0.50	0.50	0.50	0.50	0.50	0.50	0.50	0.50
	轴流风机 7.5kW	台班	42.17	0.60	0.60	0.60	0.60	0.60	0.60	0.60	0.60

2. 113mm厚耐酸砖

工作内容：运料、清洗砖板、选砖板、调制胶泥、衬砌砖板、养护、酸洗。 **单位**：$10m^2$

编号				11-1021	11-1022	11-1023	11-1024	11-1025	11-1026	11-1027	11-1028
项目				圆形立式		圆形卧式		矩形		锥(塔)形	
				1.5m以内	1.5m以外	1.5m以内	1.5m以外	1.5m以内	1.5m以外	1.5m以内	1.5m以外
预算基价	总价(元)			**2990.16**	**2767.41**	**2913.21**	**2799.81**	**2668.86**	**2492.01**	**3288.51**	**3025.26**
	人工费(元)			2848.50	2625.75	2771.55	2658.15	2527.20	2350.35	3146.85	2883.60
	材料费(元)			11.98	11.98	11.98	11.98	11.98	11.98	11.98	11.98
	机械费(元)			129.68	129.68	129.68	129.68	129.68	129.68	129.68	129.68
组成内容		单位	单价	数量							
人工	综合工	工日	135.00	21.10	19.45	20.53	19.69	18.72	17.41	23.31	21.36
材料	硅质耐酸泥	m^3	—	(0.141)	(0.141)	(0.141)	(0.141)	(0.141)	(0.141)	(0.141)	(0.141)
	耐酸砖 230×113×65	块	—	(670)	(670)	(670)	(670)	(670)	(670)	(670)	(670)
	水	m^3	7.62	0.8	0.8	0.8	0.8	0.8	0.8	0.8	0.8
	硫酸 38%	kg	2.94	2	2	2	2	2	2	2	2
机械	灰浆搅拌机 200L	台班	208.76	0.50	0.50	0.50	0.50	0.50	0.50	0.50	0.50
	轴流风机 7.5kW	台班	42.17	0.60	0.60	0.60	0.60	0.60	0.60	0.60	0.60

3．65mm厚耐酸砖

工作内容：运料、清洗砖板、选砖板、调制胶泥、衬砌砖板、养护、酸洗。 **单位：**10m²

编号				11-1029	11-1030	11-1031	11-1032	11-1033	11-1034	11-1035	11-1036
项目				圆形立式		圆形卧式		矩形		锥(塔)形	
				1.5m以内	1.5m以外	1.5m以内	1.5m以外	1.5m以内	1.5m以外	1.5m以内	1.5m以外
预算基价	总价(元)			**1982.12**	**1853.87**	**2067.17**	**1880.87**	**1797.17**	**1695.92**	**2156.27**	**2002.37**
	人工费(元)			1842.75	1714.50	1927.80	1741.50	1657.80	1556.55	2016.90	1863.00
	材料费(元)			9.69	9.69	9.69	9.69	9.69	9.69	9.69	9.69
	机械费(元)			129.68	129.68	129.68	129.68	129.68	129.68	129.68	129.68
组成内容		**单位**	**单价**	**数量**							
人工	综合工	工日	135.00	13.65	12.70	14.28	12.90	12.28	11.53	14.94	13.80
材料	硅质耐酸泥	m³	—	(0.112)	(0.112)	(0.112)	(0.112)	(0.112)	(0.112)	(0.112)	(0.112)
	耐酸砖 230×113×65	块	—	(390)	(390)	(390)	(390)	(390)	(390)	(390)	(390)
	水	m³	7.62	0.5	0.5	0.5	0.5	0.5	0.5	0.5	0.5
	硫酸 38%	kg	2.94	2	2	2	2	2	2	2	2
机械	灰浆搅拌机 200L	台班	208.76	0.50	0.50	0.50	0.50	0.50	0.50	0.50	0.50
	轴流风机 7.5kW	台班	42.17	0.60	0.60	0.60	0.60	0.60	0.60	0.60	0.60

4.耐酸板（180×110×30）

工作内容：运料、清洗砖板、选砖板、调制胶泥、衬砌砖板、养护、酸洗。 **单位：**10m²

编号				11-1037	11-1038	11-1039	11-1040	11-1041	11-1042	11-1043	11-1044
项目				圆形立式		圆形卧式		矩形		锥(塔)形	
				1.5m以内	1.5m以外	1.5m以内	1.5m以外	1.5m以内	1.5m以外	1.5m以内	1.5m以外
预算基价	总价(元)			**2029.37**	**1867.37**	**2300.72**	**2099.57**	**1818.77**	**1693.22**	**2613.92**	**2357.42**
	人工费(元)			1890.00	1728.00	2161.35	1960.20	1679.40	1553.85	2474.55	2218.05
	材料费(元)			9.69	9.69	9.69	9.69	9.69	9.69	9.69	9.69
	机械费(元)			129.68	129.68	129.68	129.68	129.68	129.68	129.68	129.68
组成内容		**单位**	**单价**	**数量**							
人工	综合工	工日	135.00	14.00	12.80	16.01	14.52	12.44	11.51	18.33	16.43
材料	硅质耐酸泥	m³	—	(0.104)	(0.104)	(0.104)	(0.104)	(0.104)	(0.104)	(0.104)	(0.104)
	耐酸板 180×110×30	块	—	(521)	(521)	(521)	(521)	(521)	(521)	(521)	(521)
	水	m³	7.62	0.5	0.5	0.5	0.5	0.5	0.5	0.5	0.5
	硫酸 38%	kg	2.94	2	2	2	2	2	2	2	2
机械	灰浆搅拌机 200L	台班	208.76	0.50	0.50	0.50	0.50	0.50	0.50	0.50	0.50
	轴流风机 7.5kW	台班	42.17	0.60	0.60	0.60	0.60	0.60	0.60	0.60	0.60

5.耐酸板（180×110×25）

工作内容：运料、清洗砖板、选砖板、调制胶泥、衬砌砖板、养护、酸洗。　　**单位：**10m^2

编号				11-1045	11-1046	11-1047	11-1048	11-1049	11-1050	11-1051	11-1052
项目				圆形立式		圆形卧式		矩形		锥（塔）形	
				1.5m以内	1.5m以外	1.5m以内	1.5m以外	1.5m以内	1.5m以外	1.5m以内	1.5m以外
预算基价	总价(元)			**2021.27**	**1724.27**	**2292.62**	**2092.82**	**1812.02**	**1685.12**	**2605.82**	**2350.67**
	人工费(元)			1881.90	1584.90	2153.25	1953.45	1672.65	1545.75	2466.45	2211.30
	材料费(元)			9.69	9.69	9.69	9.69	9.69	9.69	9.69	9.69
	机械费(元)			129.68	129.68	129.68	129.68	129.68	129.68	129.68	129.68
组成内容		单位	单价	数量							
人工	综合工	工日	135.00	13.94	11.74	15.95	14.47	12.39	11.45	18.27	16.38
材料	硅质耐酸泥	m^3	—	(0.102)	(0.102)	(0.102)	(0.102)	(0.102)	(0.102)	(0.102)	(0.102)
	耐酸板 180×110×25	块	—	(521)	(521)	(521)	(521)	(521)	(521)	(521)	(521)
	水	m^3	7.62	0.5	0.5	0.5	0.5	0.5	0.5	0.5	0.5
	硫酸 38%	kg	2.94	2	2	2	2	2	2	2	2
机械	灰浆搅拌机 200L	台班	208.76	0.50	0.50	0.50	0.50	0.50	0.50	0.50	0.50
	轴流风机 7.5kW	台班	42.17	0.60	0.60	0.60	0.60	0.60	0.60	0.60	0.60

6.耐酸板（180×110×20）

工作内容：运料、清洗砖板、选砖板、调制胶泥、衬砌砖板、养护、酸洗。 **单位：**10m²

编号				11-1053	11-1054	11-1055	11-1056	11-1057	11-1058	11-1059	11-1060
项目				圆形立式		圆形卧式		矩形		锥（塔）形	
				1.5m以内	1.5m以外	1.5m以内	1.5m以外	1.5m以内	1.5m以外	1.5m以内	1.5m以外
预算基价	总价（元）			**2013.17**	**1851.17**	**2284.52**	**2084.72**	**1803.92**	**1678.37**	**2599.07**	**2341.22**
	人工费（元）			1873.80	1711.80	2145.15	1945.35	1664.55	1539.00	2459.70	2201.85
	材料费（元）			9.69	9.69	9.69	9.69	9.69	9.69	9.69	9.69
	机械费（元）			129.68	129.68	129.68	129.68	129.68	129.68	129.68	129.68
组成内容		**单位**	**单价**	**数量**							
人工	综合工	工日	135.00	13.88	12.68	15.89	14.41	12.33	11.40	18.22	16.31
材料	硅质耐酸泥	m³	—	(0.101)	(0.101)	(0.101)	(0.101)	(0.101)	(0.101)	(0.101)	(0.101)
	耐酸板 180×110×20	块	—	(521)	(521)	(521)	(521)	(521)	(521)	(521)	(5)
	水	m³	7.62	0.5	0.5	0.5	0.5	0.5	0.5	0.5	0.5
	硫酸 38%	kg	2.94	2	2	2	2	2	2	2	2
机械	灰浆搅拌机 200L	台班	208.76	0.50	0.50	0.50	0.50	0.50	0.50	0.50	0.50
	轴流风机 7.5kW	台班	42.17	0.60	0.60	0.60	0.60	0.60	0.60	0.60	0.60

7.耐酸板（150×150×30）

工作内容：运料、清洗砖板、选砖板、调制胶泥、衬砌砖板、养护、酸洗。

单位：$10m^2$

编号				11-1061	11-1062	11-1063	11-1064	11-1065	11-1066	11-1067	11-1068
项目				圆形立式		圆形卧式		矩形		锥(塔)形	
				1.5m以内	1.5m以外	1.5m以内	1.5m以外	1.5m以内	1.5m以外	1.5m以内	1.5m以外
预算基价	总价(元)			**1992.92**	**1832.27**	**2264.27**	**2064.47**	**1783.67**	**1658.12**	**2578.82**	**2322.32**
	人工费(元)			1853.55	1692.90	2124.90	1925.10	1644.30	1518.75	2439.45	2182.95
	材料费(元)			9.69	9.69	9.69	9.69	9.69	9.69	9.69	9.69
	机械费(元)			129.68	129.68	129.68	129.68	129.68	129.68	129.68	129.68
组成内容		单位	单价	数量							
人工	综合工	工日	135.00	13.73	12.54	15.74	14.26	12.18	11.25	18.07	16.17
材料	硅质耐酸泥	m^3	—	(0.103)	(0.103)	(0.103)	(0.103)	(0.103)	(0.103)	(0.103)	(0.103)
	耐酸板 150×150×30	块	—	(459)	(459)	(459)	(459)	(459)	(459)	(459)	(459)
	水	m^3	7.62	0.5	0.5	0.5	0.5	0.5	0.5	0.5	0.5
	硫酸 38%	kg	2.94	2	2	2	2	2	2	2	2
机械	灰浆搅拌机 200L	台班	208.76	0.50	0.50	0.50	0.50	0.50	0.50	0.50	0.50
	轴流风机 7.5kW	台班	42.17	0.60	0.60	0.60	0.60	0.60	0.60	0.60	0.60

8.耐酸板（150×150×25）

工作内容：运料、清洗砖板、选砖板、调制胶泥、衬砌砖板、养护、酸洗。 **单位：**10m²

编号				11-1069	11-1070	11-1071	11-1072	11-1073	11-1074	11-1075	11-1076
项目				圆形立式		圆形卧式		矩形		锥(塔)形	
				1.5m以内	1.5m以外	1.5m以内	1.5m以外	1.5m以内	1.5m以外	1.5m以内	1.5m以外
预算基价	总价(元)			**1983.47**	**1822.82**	**2254.82**	**2055.02**	**1774.22**	**1648.67**	**2569.37**	**2312.87**
	人工费(元)			1844.10	1683.45	2115.45	1915.65	1634.85	1509.30	2430.00	2173.50
	材料费(元)			9.69	9.69	9.69	9.69	9.69	9.69	9.69	9.69
	机械费(元)			129.68	129.68	129.68	129.68	129.68	129.68	129.68	129.68
组成内容		单位	单价	数量							
人工	综合工	工日	135.00	13.66	12.47	15.67	14.19	12.11	11.18	18.00	16.10
材料	硅质耐酸泥	m^3	—	(0.102)	(0.102)	(0.102)	(0.102)	(0.102)	(0.102)	(0.102)	(0.102)
	耐酸板 150×150×25	块	—	(459)	(459)	(459)	(459)	(459)	(459)	(459)	(459)
	水	m^3	7.62	0.5	0.5	0.5	0.5	0.5	0.5	0.5	0.5
	硫酸 38%	kg	2.94	2	2	2	2	2	2	2	2
机械	灰浆搅拌机 200L	台班	208.76	0.50	0.50	0.50	0.50	0.50	0.50	0.50	0.50
	轴流风机 7.5kW	台班	42.17	0.60	0.60	0.60	0.60	0.60	0.60	0.60	0.60

9.耐酸板（150×150×20）

工作内容：运料、清洗砖板、选砖板、调制胶泥、衬砌砖板、养护、酸洗。 **单位：**10m²

编号				11-1077	11-1078	11-1079	11-1080	11-1081	11-1082	11-1083	11-1084
项目				圆形立式		圆形卧式		矩形		锥(塔)形	
				1.5m以内	1.5m以外	1.5m以内	1.5m以外	1.5m以内	1.5m以外	1.5m以内	1.5m以外
预算基价	总价(元)			**1975.37**	**1814.72**	**2248.07**	**2046.92**	**1766.12**	**1640.57**	**2561.27**	**2304.77**
	人工费(元)			1836.00	1675.35	2108.70	1907.55	1626.75	1501.20	2421.90	2165.40
	材料费(元)			9.69	9.69	9.69	9.69	9.69	9.69	9.69	9.69
	机械费(元)			129.68	129.68	129.68	129.68	129.68	129.68	129.68	129.68
组成内容		单位	单价	数量							
人工	综合工	工日	135.00	13.60	12.41	15.62	14.13	12.05	11.12	17.94	16.04
材料	硅质耐酸泥	m³	—	(0.10)	(0.10)	(0.10)	(0.10)	(0.10)	(0.10)	(0.10)	(0.10)
	耐酸板 150×150×20	块	—	(459)	(459)	(459)	(459)	(459)	(459)	(459)	(459)
	水	m³	7.62	0.5	0.5	0.5	0.5	0.5	0.5	0.5	0.5
	硫酸 38%	kg	2.94	2	2	2	2	2	2	2	2
机械	灰浆搅拌机 200L	台班	208.76	0.50	0.50	0.50	0.50	0.50	0.50	0.50	0.50
	轴流风机 7.5kW	台班	42.17	0.60	0.60	0.60	0.60	0.60	0.60	0.60	0.60

10.耐酸板（150×75×20）

工作内容：运料、清洗砖板、选砖板、调制胶泥、衬砌砖板、养护、酸洗。

单位：10m²

编号				11-1085	11-1086	11-1087	11-1088	11-1089	11-1090	11-1091	11-1092
项目				圆形立式		圆形卧式		矩形		锥(塔)形	
				1.5m以内	1.5m以外	1.5m以内	1.5m以外	1.5m以内	1.5m以外	1.5m以内	1.5m以外
预算基价	总价(元)			**2279.12**	**2003.72**	**2570.72**	**2227.82**	**2036.12**	**1901.12**	**2912.27**	**2484.32**
	人工费(元)			2139.75	1864.35	2431.35	2088.45	1896.75	1761.75	2772.90	2344.95
	材料费(元)			9.69	9.69	9.69	9.69	9.69	9.69	9.69	9.69
	机械费(元)			129.68	129.68	129.68	129.68	129.68	129.68	129.68	129.68
组成内容		**单位**	**单价**	**数量**							
人工	综合工	工日	135.00	15.85	13.81	18.01	15.47	14.05	13.05	20.54	17.37
材料	硅质耐酸泥	m³	—	(0.103)	(0.103)	(0.103)	(0.103)	(0.103)	(0.103)	(0.103)	(0.103)
	耐酸板 150×75×20	块	—	(912)	(912)	(912)	(912)	(912)	(912)	(912)	(912)
	水	m³	7.62	0.5	0.5	0.5	0.5	0.5	0.5	0.5	0.5
	硫酸 38%	kg	2.94	2	2	2	2	2	2	2	2
机械	灰浆搅拌机 200L	台班	208.76	0.50	0.50	0.50	0.50	0.50	0.50	0.50	0.50
	轴流风机 7.5kW	台班	42.17	0.60	0.60	0.60	0.60	0.60	0.60	0.60	0.60

11.耐酸板（150×75×15）

工作内容：运料、清洗砖板、选砖板、调制胶泥、衬砌砖板、养护、酸洗。 **单位：**10m^2

编号				11-1093	11-1094	11-1095	11-1096	11-1097	11-1098	11-1099	11-1100
项目				圆形立式		圆形卧式		矩形		锥（塔）形	
				1.5m以内	1.5m以外	1.5m以内	1.5m以外	1.5m以内	1.5m以外	1.5m以内	1.5m以外
预算基价	总价（元）			**2271.02**	**1995.62**	**2562.62**	**2219.72**	**2029.37**	**1894.37**	**2904.17**	**2476.22**
	人工费（元）			2131.65	1856.25	2423.25	2080.35	1890.00	1755.00	2764.80	2336.85
	材料费（元）			9.69	9.69	9.69	9.69	9.69	9.69	9.69	9.69
	机械费（元）			129.68	129.68	129.68	129.68	129.68	129.68	129.68	129.68
组成内容		单位	单价	数量							
人工	综合工	工日	135.00	15.79	13.75	17.95	15.41	14.00	13.00	20.48	17.31
材料	硅质耐酸泥	m^3	—	(0.101)	(0.101)	(0.101)	(0.101)	(0.101)	(0.101)	(0.101)	(0.101)
	耐酸板 150×75×15	块	—	(912)	(912)	(912)	(912)	(912)	(912)	(912)	(912)
	水	m^3	7.62	0.5	0.5	0.5	0.5	0.5	0.5	0.5	0.5
	硫酸 38%	kg	2.94	2	2	2	2	2	2	2	2
机械	灰浆搅拌机 200L	台班	208.76	0.50	0.50	0.50	0.50	0.50	0.50	0.50	0.50
	轴流风机 7.5kW	台班	42.17	0.60	0.60	0.60	0.60	0.60	0.60	0.60	0.60

二、树脂胶泥砌块材

1. 230mm厚耐酸砖

工作内容： 运料、清洗砖板、选砖板、调制胶泥、衬砌砖板、养护。 **单位：** 10m²

编号				11-1101	11-1102	11-1103	11-1104	11-1105	11-1106	11-1107	11-1108
项目				圆形立式		圆形卧式		矩形		锥(塔)形	
				1.5m以内	1.5m以外	1.5m以内	1.5m以外	1.5m以内	1.5m以外	1.5m以内	1.5m以外
预算基价	总价(元)			**4818.27**	**4437.57**	**5159.82**	**4930.32**	**4469.97**	**4140.57**	**5933.37**	**5390.67**
	人工费(元)			4676.40	4295.70	5017.95	4788.45	4328.10	3998.70	5791.50	5248.80
	材料费(元)			12.19	12.19	12.19	12.19	12.19	12.19	12.19	12.19
	机械费(元)			129.68	129.68	129.68	129.68	129.68	129.68	129.68	129.68
组成内容		单位	单价	数量							
人工	综合工	工日	135.00	34.64	31.82	37.17	35.47	32.06	29.62	42.90	38.88
材料	树脂耐酸胶泥	m^3	—	(0.208)	(0.208)	(0.208)	(0.208)	(0.208)	(0.208)	(0.208)	(0.208)
	耐酸砖 230×113×65	块	—	(1350)	(1350)	(1350)	(1350)	(1350)	(1350)	(1350)	(1350)
	水	m^3	7.62	1.6	1.6	1.6	1.6	1.6	1.6	1.6	1.6
机械	灰浆搅拌机 200L	台班	208.76	0.50	0.50	0.50	0.50	0.50	0.50	0.50	0.50
	轴流风机 7.5kW	台班	42.17	0.60	0.60	0.60	0.60	0.60	0.60	0.60	0.60

2. 113mm厚耐酸砖

工作内容：运料、清洗砖板、选砖板、调制胶泥、衬砌砖板、养护。　　**单位：**10m²

编号				11-1109	11-1110	11-1111	11-1112	11-1113	11-1114	11-1115	11-1116
项目				圆形立式		圆形卧式		矩形		锥(塔)形	
				1.5m以内	1.5m以外	1.5m以内	1.5m以外	1.5m以内	1.5m以外	1.5m以内	1.5m以外
预算基价	总价(元)			**2899.23**	**2675.13**	**2822.28**	**2708.88**	**2577.93**	**2401.08**	**3197.58**	**2932.98**
	人工费(元)			2763.45	2539.35	2686.50	2573.10	2442.15	2265.30	3061.80	2797.20
	材料费(元)			6.10	6.10	6.10	6.10	6.10	6.10	6.10	6.10
	机械费(元)			129.68	129.68	129.68	129.68	129.68	129.68	129.68	129.68
组成内容		**单位**	**单价**	**数量**							
人工	综合工	工日	135.00	20.47	18.81	19.90	19.06	18.09	16.78	22.68	20.72
材料	树脂耐酸胶泥	m³	—	(0.141)	(0.141)	(0.141)	(0.141)	(0.141)	(0.141)	(0.141)	(0.141)
	耐酸砖 230×113×65	块	—	(670)	(670)	(670)	(670)	(670)	(670)	(670)	(670)
	水	m³	7.62	0.8	0.8	0.8	0.8	0.8	0.8	0.8	0.8
机械	灰浆搅拌机 200L	台班	208.76	0.50	0.50	0.50	0.50	0.50	0.50	0.50	0.50
	轴流风机 7.5kW	台班	42.17	0.60	0.60	0.60	0.60	0.60	0.60	0.60	0.60

3. 65mm厚耐酸砖

工作内容：运料、清洗砖板、选砖板、调制胶泥、衬砌砖板、养护。 **单位：**10m²

编号				11-1117	11-1118	11-1119	11-1120	11-1121	11-1122	11-1123	11-1124
项目				圆形立式		圆形卧式		矩形		锥(塔)形	
				1.5m以内	1.5m以外	1.5m以内	1.5m以外	1.5m以内	1.5m以外	1.5m以内	1.5m以外
预算基价	总价(元)			**1891.19**	**1761.59**	**1976.24**	**1789.94**	**1706.24**	**1604.99**	**2065.34**	**1911.44**
	人工费(元)			1757.70	1628.10	1842.75	1656.45	1572.75	1471.50	1931.85	1777.95
	材料费(元)			3.81	3.81	3.81	3.81	3.81	3.81	3.81	3.81
	机械费(元)			129.68	129.68	129.68	129.68	129.68	129.68	129.68	129.68
组成内容		单位	单价	数量							
人工	综合工	工日	135.00	13.02	12.06	13.65	12.27	11.65	10.90	14.31	13.17
材料	树脂耐酸胶泥	m³	—	(0.112)	(0.112)	(0.112)	(0.112)	(0.112)	(0.112)	(0.112)	(0.112)
	耐酸砖 230×113×65	块	—	(390)	(390)	(390)	(390)	(390)	(390)	(390)	(390)
	水	m³	7.62	0.5	0.5	0.5	0.5	0.5	0.5	0.5	0.5
机械	灰浆搅拌机 200L	台班	208.76	0.50	0.50	0.50	0.50	0.50	0.50	0.50	0.50
	轴流风机 7.5kW	台班	42.17	0.60	0.60	0.60	0.60	0.60	0.60	0.60	0.60

4.耐酸板（180×110×30）

工作内容：运料、清洗砖板、选砖板、调制胶泥、衬砌砖板、养护。

单位：10m²

编号				11-1125	11-1126	11-1127	11-1128	11-1129	11-1130	11-1131	11-1132
项目				圆形立式		圆形卧式		矩形		锥(塔)形	
				1.5m以内	1.5m以外	1.5m以内	1.5m以外	1.5m以内	1.5m以外	1.5m以内	1.5m以外
预算基价	总价(元)			**1937.09**	**1776.44**	**2209.79**	**2008.64**	**1727.84**	**1602.29**	**2522.99**	**2266.49**
	人工费(元)			1803.60	1642.95	2076.30	1875.15	1594.35	1468.80	2389.50	2133.00
	材料费(元)			3.81	3.81	3.81	3.81	3.81	3.81	3.81	3.81
	机械费(元)			129.68	129.68	129.68	129.68	129.68	129.68	129.68	129.68
组成内容		单位	单价	数量							
人工	综合工	工日	135.00	13.36	12.17	15.38	13.89	11.81	10.88	17.70	15.80
材料	树脂耐酸胶泥	m^3	—	(0.104)	(0.104)	(0.104)	(0.104)	(0.104)	(0.104)	(0.104)	(0.104)
	耐酸板 180×110×30	块	—	(521)	(521)	(521)	(521)	(521)	(521)	(521)	(521)
	水	m^3	7.62	0.5	0.5	0.5	0.5	0.5	0.5	0.5	0.5
机械	灰浆搅拌机 200L	台班	208.76	0.50	0.50	0.50	0.50	0.50	0.50	0.50	0.50
	轴流风机 7.5kW	台班	42.17	0.60	0.60	0.60	0.60	0.60	0.60	0.60	0.60

5.耐酸板（180×110×25）

工作内容：运料、清洗砖板、选砖板、调制胶泥、衬砌砖板、养护。 **单位：**10m²

编号					11-1133	11-1134	11-1135	11-1136	11-1137	11-1138	11-1139	11-1140
项目					圆形立式		圆形卧式		矩形		锥(塔)形	
					1.5m以内	1.5m以外	1.5m以内	1.5m以外	1.5m以内	1.5m以外	1.5m以内	1.5m以外
预算基价	总价(元)				**1930.34**	**1768.34**	**2201.69**	**2000.54**	**1719.74**	**1594.19**	**2514.89**	**2258.39**
	人工费(元)				1796.85	1634.85	2068.20	1867.05	1586.25	1460.70	2381.40	2124.90
	材料费(元)				3.81	3.81	3.81	3.81	3.81	3.81	3.81	3.81
	机械费(元)				129.68	129.68	129.68	129.68	129.68	129.68	129.68	129.68
组成内容			**单位**	**单价**	**数量**							
人工	综合工		工日	135.00	13.31	12.11	15.32	13.83	11.75	10.82	17.64	15.74
材料	树脂耐酸胶泥		m^3	—	(0.102)	(0.102)	(0.102)	(0.102)	(0.102)	(0.102)	(0.102)	(0.102)
	耐酸板 180×110×25		块	—	(521)	(521)	(521)	(521)	(521)	(521)	(521)	(521)
	水		m^3	7.62	0.5	0.5	0.5	0.5	0.5	0.5	0.5	0.5
机械	灰浆搅拌机 200L		台班	208.76	0.50	0.50	0.50	0.50	0.50	0.50	0.50	0.50
	轴流风机 7.5kW		台班	42.17	0.60	0.60	0.60	0.60	0.60	0.60	0.60	0.60

6.耐酸板（180×110×20）

工作内容：运料、清洗砖板、选砖板、调制胶泥、衬砌砖板、养护。

单位：10m²

编号				11-1141	11-1142	11-1143	11-1144	11-1145	11-1146	11-1147	11-1148
项目				圆形立式		圆形卧式		矩形		锥(塔)形	
				1.5m以内	1.5m以外	1.5m以内	1.5m以外	1.5m以内	1.5m以外	1.5m以内	1.5m以外
预算基价	总价(元)			**1922.24**	**1760.24**	**2193.59**	**1993.79**	**1712.99**	**1586.09**	**2506.79**	**2251.64**
	人工费(元)			1788.75	1626.75	2060.10	1860.30	1579.50	1452.60	2373.30	2118.15
	材料费(元)			3.81	3.81	3.81	3.81	3.81	3.81	3.81	3.81
	机械费(元)			129.68	129.68	129.68	129.68	129.68	129.68	129.68	129.68
组成内容		单位	单价	数量							
人工	综合工	工日	135.00	13.25	12.05	15.26	13.78	11.70	10.76	17.58	15.69
材料	树脂耐酸胶泥	m^3	—	(0.101)	(0.101)	(0.101)	(0.101)	(0.101)	(0.101)	(0.101)	(0.101)
	耐酸板 180×110×20	块	—	(521)	(521)	(521)	(521)	(521)	(521)	(521)	(521)
	水	m^3	7.62	0.5	0.5	0.5	0.5	0.5	0.5	0.5	0.5
机械	灰浆搅拌机 200L	台班	208.76	0.50	0.50	0.50	0.50	0.50	0.50	0.50	0.50
	轴流风机 7.5kW	台班	42.17	0.60	0.60	0.60	0.60	0.60	0.60	0.60	0.60

7.耐酸板（150×150×30）

工作内容：运料、清洗砖板、选砖板、调制胶泥、衬砌砖板、养护。 **单位：**10m²

编号				11-1149	11-1150	11-1151	11-1152	11-1153	11-1154	11-1155	11-1156
项目				圆形立式		圆形卧式		矩形		锥（塔）形	
				1.5m以内	1.5m以外	1.5m以内	1.5m以外	1.5m以内	1.5m以外	1.5m以内	1.5m以外
预算基价	总价(元)			**1901.99**	**1739.99**	**2173.34**	**1973.54**	**1692.74**	**1565.84**	**2486.54**	**2231.39**
	人工费(元)			1768.50	1606.50	2039.85	1840.05	1559.25	1432.35	2353.05	2097.90
	材料费(元)			3.81	3.81	3.81	3.81	3.81	3.81	3.81	3.81
	机械费(元)			129.68	129.68	129.68	129.68	129.68	129.68	129.68	129.68
组成内容		**单位**	**单价**	**数量**							
人工	综合工	工日	135.00	13.10	11.90	15.11	13.63	11.55	10.61	17.43	15.54
材料	树脂耐酸胶泥	m³	—	(0.103)	(0.103)	(0.103)	(0.103)	(0.103)	(0.103)	(0.103)	(0.103)
	耐酸板 150×150×30	块	—	(459)	(459)	(459)	(459)	(459)	(459)	(459)	(459)
	水	m³	7.62	0.5	0.5	0.5	0.5	0.5	0.5	0.5	0.5
机械	灰浆搅拌机 200L	台班	208.76	0.50	0.50	0.50	0.50	0.50	0.50	0.50	0.50
	轴流风机 7.5kW	台班	42.17	0.60	0.60	0.60	0.60	0.60	0.60	0.60	0.60

8.耐酸板（150×150×25）

工作内容： 运料、清洗砖板、选砖板、调制胶泥、衬砌砖板、养护。 **单位：** 10m²

编号				11-1157	11-1158	11-1159	11-1160	11-1161	11-1162	11-1163	11-1164
项目				圆形立式		圆形卧式		矩形		锥(塔)形	
				1.5m以内	1.5m以外	1.5m以内	1.5m以外	1.5m以内	1.5m以外	1.5m以内	1.5m以外
预算基价	总价(元)			**1892.54**	**1730.54**	**2163.89**	**1964.09**	**1683.29**	**1557.74**	**2478.44**	**2221.94**
	人工费(元)			1759.05	1597.05	2030.40	1830.60	1549.80	1424.25	2344.95	2088.45
	材料费(元)			3.81	3.81	3.81	3.81	3.81	3.81	3.81	3.81
	机械费(元)			129.68	129.68	129.68	129.68	129.68	129.68	129.68	129.68
组成内容		单位	单价	数量							
人工	综合工	工日	135.00	13.03	11.83	15.04	13.56	11.48	10.55	17.37	15.47
材料	树脂耐酸胶泥	m³	—	(0.102)	(0.102)	(0.102)	(0.102)	(0.102)	(0.102)	(0.102)	(0.102)
	耐酸板 150×150×25	块	—	(459)	(459)	(459)	(459)	(459)	(459)	(459)	(459)
	水	m³	7.62	0.5	0.5	0.5	0.5	0.5	0.5	0.5	0.5
机械	灰浆搅拌机 200L	台班	208.76	0.50	0.50	0.50	0.50	0.50	0.50	0.50	0.50
	轴流风机 7.5kW	台班	42.17	0.60	0.60	0.60	0.60	0.60	0.60	0.60	0.60

9.耐酸板（150×150×20）

工作内容：运料、清洗砖板、选砖板、调制胶泥、衬砌砖板、养护。 **单位：**10m²

编号				11-1165	11-1166	11-1167	11-1168	11-1169	11-1170	11-1171	11-1172
项目				圆形立式		圆形卧式		矩形		锥(塔)形	
				1.5m以内	1.5m以外	1.5m以内	1.5m以外	1.5m以内	1.5m以外	1.5m以内	1.5m以外
预算基价	总价(元)			**1884.44**	**1723.79**	**2155.79**	**1960.04**	**1675.19**	**1549.64**	**2470.34**	**2213.84**
	人工费(元)			1750.95	1590.30	2022.30	1826.55	1541.70	1416.15	2336.85	2080.35
	材料费(元)			3.81	3.81	3.81	3.81	3.81	3.81	3.81	3.81
	机械费(元)			129.68	129.68	129.68	129.68	129.68	129.68	129.68	129.68
组成内容		单位	单价	数量							
人工	综合工	工日	135.00	12.97	11.78	14.98	13.53	11.42	10.49	17.31	15.41
材料	树脂耐酸胶泥	m^3	—	(0.10)	(0.10)	(0.10)	(0.10)	(0.10)	(0.10)	(0.10)	(0.10)
	耐酸板 150×150×20	块	—	(459)	(459)	(459)	(459)	(459)	(459)	(459)	(459)
	水	m^3	7.62	0.5	0.5	0.5	0.5	0.5	0.5	0.5	0.5
机械	灰浆搅拌机 200L	台班	208.76	0.50	0.50	0.50	0.50	0.50	0.50	0.50	0.50
	轴流风机 7.5kW	台班	42.17	0.60	0.60	0.60	0.60	0.60	0.60	0.60	0.60

10.耐酸板（150×75×20）

工作内容：运料、清洗砖板、选砖板、调制胶泥、衬砌砖板、养护。 **单位：**10m²

编号				11-1173	11-1174	11-1175	11-1176	11-1177	11-1178	11-1179	11-1180
项目				圆形立式		圆形卧式		矩形		锥(塔)形	
				1.5m以内	1.5m以外	1.5m以内	1.5m以外	1.5m以内	1.5m以外	1.5m以内	1.5m以外
预算基价	总价(元)			**2186.84**	**1912.79**	**2479.79**	**2136.89**	**1945.19**	**1810.19**	**2821.34**	**2392.04**
	人工费(元)			2053.35	1779.30	2346.30	2003.40	1811.70	1676.70	2687.85	2258.55
	材料费(元)			3.81	3.81	3.81	3.81	3.81	3.81	3.81	3.81
	机械费(元)			129.68	129.68	129.68	129.68	129.68	129.68	129.68	129.68
组成内容		**单位**	**单价**	**数量**							
人工	综合工	工日	135.00	15.21	13.18	17.38	14.84	13.42	12.42	19.91	16.73
材料	树脂耐酸胶泥	m³	—	(0.103)	(0.103)	(0.103)	(0.103)	(0.103)	(0.103)	(0.103)	(0.103)
	耐酸板 150×75×20	块	—	(912)	(912)	(912)	(912)	(912)	(912)	(912)	(912)
	水	m³	7.62	0.5	0.5	0.5	0.5	0.5	0.5	0.5	0.5
机械	灰浆搅拌机 200L	台班	208.76	0.50	0.50	0.50	0.50	0.50	0.50	0.50	0.50
	轴流风机 7.5kW	台班	42.17	0.60	0.60	0.60	0.60	0.60	0.60	0.60	0.60

11.耐酸板（150×75×15）

工作内容：运料、清洗砖板、选砖板、调制胶泥、衬砌砖板、养护。 **单位：**10m²

编号				11-1181	11-1182	11-1183	11-1184	11-1185	11-1186	11-1187	11-1188
项目				圆形立式		圆形卧式		矩形		锥(塔)形	
				1.5m以内	1.5m以外	1.5m以内	1.5m以外	1.5m以内	1.5m以外	1.5m以内	1.5m以外
预算基价	总价(元)			**2180.09**	**1904.69**	**2471.69**	**2128.79**	**1937.09**	**1802.09**	**2813.24**	**2385.29**
	人工费(元)			2046.60	1771.20	2338.20	1995.30	1803.60	1668.60	2679.75	2251.80
	材料费(元)			3.81	3.81	3.81	3.81	3.81	3.81	3.81	3.81
	机械费(元)			129.68	129.68	129.68	129.68	129.68	129.68	129.68	129.68
组成内容		单位	单价	数量							
人工	综合工	工日	135.00	15.16	13.12	17.32	14.78	13.36	12.36	19.85	16.68
材料	树脂耐酸胶泥	m³	—	(0.101)	(0.101)	(0.101)	(0.101)	(0.101)	(0.101)	(0.101)	(0.101)
	耐酸板 150×75×15	块	—	(912)	(912)	(912)	(912)	(912)	(912)	(912)	(912)
	水	m³	7.62	0.5	0.5	0.5	0.5	0.5	0.5	0.5	0.5
机械	灰浆搅拌机 200L	台班	208.76	0.50	0.50	0.50	0.50	0.50	0.50	0.50	0.50
	轴流风机 7.5kW	台班	42.17	0.60	0.60	0.60	0.60	0.60	0.60	0.60	0.60

三、聚酯树脂胶泥砌块材

1．113mm厚耐酸砖

工作内容：运料、清洗砖板、选砖板、调制胶泥、衬砌砖板、养护。 **单位**：10m²

编号				11-1189	11-1190	11-1191	11-1192	11-1193	11-1194	11-1195	11-1196
项目				圆形立式		圆形卧式		矩形		锥(塔)形	
				1.5m以内	1.5m以外	1.5m以内	1.5m以外	1.5m以内	1.5m以外	1.5m以内	1.5m以外
预算基价	总价(元)			**3001.83**	**2768.28**	**2920.83**	**2803.38**	**2668.38**	**2483.43**	**3312.33**	**3036.93**
	人工费(元)			2866.05	2632.50	2785.05	2667.60	2532.60	2347.65	3176.55	2901.15
	材料费(元)			6.10	6.10	6.10	6.10	6.10	6.10	6.10	6.10
	机械费(元)			129.68	129.68	129.68	129.68	129.68	129.68	129.68	129.68
组成内容		单位	单价	数量							
人工	综合工	工日	135.00	21.23	19.50	20.63	19.76	18.76	17.39	23.53	21.49
材料	聚酯树脂耐酸胶泥	m³	—	(0.141)	(0.141)	(0.141)	(0.141)	(0.141)	(0.141)	(0.141)	(0.141)
	耐酸砖 230×113×65	块	—	(670)	(670)	(670)	(670)	(670)	(670)	(670)	(670)
	水	m³	7.62	0.8	0.8	0.8	0.8	0.8	0.8	0.8	0.8
机械	灰浆搅拌机 200L	台班	208.76	0.50	0.50	0.50	0.50	0.50	0.50	0.50	0.50
	轴流风机 7.5kW	台班	42.17	0.60	0.60	0.60	0.60	0.60	0.60	0.60	0.60

2. 65mm厚耐酸砖

工作内容： 运料、清洗砖板、选砖板、调制胶泥、衬砌砖板、养护。

单位： $10m^2$

编号				11-1197	11-1198	11-1199	11-1200	11-1201	11-1202	11-1203	11-1204
项目				圆形立式		圆形卧式		矩形		锥(塔)形	
				1.5m以内	1.5m以外	1.5m以内	1.5m以外	1.5m以内	1.5m以外	1.5m以内	1.5m以外
预算基价	总价(元)			**1955.99**	**1822.34**	**2045.09**	**1852.04**	**1765.64**	**1658.99**	**2138.24**	**1977.59**
	人工费(元)			1822.50	1688.85	1911.60	1718.55	1632.15	1525.50	2004.75	1844.10
	材料费(元)			3.81	3.81	3.81	3.81	3.81	3.81	3.81	3.81
	机械费(元)			129.68	129.68	129.68	129.68	129.68	129.68	129.68	129.68
组成内容		单位	单价	数量							
人工	综合工	工日	135.00	13.50	12.51	14.16	12.73	12.09	11.30	14.85	13.66
材料	聚酯树脂耐酸胶泥	m^3	—	(0.112)	(0.112)	(0.112)	(0.112)	(0.112)	(0.112)	(0.112)	(0.112)
	耐酸砖 230×113×65	块	—	(390)	(390)	(390)	(390)	(390)	(390)	(390)	(390)
	水	m^3	7.62	0.5	0.5	0.5	0.5	0.5	0.5	0.5	0.5
机械	灰浆搅拌机 200L	台班	208.76	0.50	0.50	0.50	0.50	0.50	0.50	0.50	0.50
	轴流风机 7.5kW	台班	42.17	0.60	0.60	0.60	0.60	0.60	0.60	0.60	0.60

3.耐酸板（180×110×30）

工作内容：运料、清洗砖板、选砖板、调制胶泥、衬砌砖板、养护。　　　　**单位：**10m²

编号				11-1205	11-1206	11-1207	11-1208	11-1209	11-1210	11-1211	11-1212
项目				圆形立式		圆形卧式		矩形		锥(塔)形	
				1.5m以内	1.5m以外	1.5m以内	1.5m以外	1.5m以内	1.5m以外	1.5m以内	1.5m以外
预算基价	总价(元)			**2007.29**	**1839.89**	**2289.44**	**2081.54**	**1788.59**	**1657.64**	**2616.14**	**2348.84**
	人工费(元)			1873.80	1706.40	2155.95	1948.05	1655.10	1524.15	2482.65	2215.35
	材料费(元)			3.81	3.81	3.81	3.81	3.81	3.81	3.81	3.81
	机械费(元)			129.68	129.68	129.68	129.68	129.68	129.68	129.68	129.68
组成内容		单位	单价	数量							
人工	综合工	工日	135.00	13.88	12.64	15.97	14.43	12.26	11.29	18.39	16.41
材料	聚酯树脂耐酸胶泥	m³	—	(0.104)	(0.104)	(0.104)	(0.104)	(0.104)	(0.104)	(0.104)	(0.104)
	耐酸板 180×110×30	块	—	(521)	(521)	(521)	(521)	(521)	(521)	(521)	(521)
	水	m³	7.62	0.5	0.5	0.5	0.5	0.5	0.5	0.5	0.5
机械	灰浆搅拌机 200L	台班	208.76	0.50	0.50	0.50	0.50	0.50	0.50	0.50	0.50
	轴流风机 7.5kW	台班	42.17	0.60	0.60	0.60	0.60	0.60	0.60	0.60	0.60

4.耐酸板（180×110×25）

工作内容：运料、清洗砖板、选砖板、调制胶泥、衬砌砖板、养护。

单位：10m²

编号				11-1213	11-1214	11-1215	11-1216	11-1217	11-1218	11-1219	11-1220
项目				圆形立式		圆形卧式		矩形		锥(塔)形	
				1.5m以内	1.5m以外	1.5m以内	1.5m以外	1.5m以内	1.5m以外	1.5m以内	1.5m以外
预算基价	总价(元)			**1999.19**	**1831.79**	**2282.69**	**2074.79**	**1784.54**	**1650.89**	**2608.04**	**2340.74**
	人工费(元)			1865.70	1698.30	2149.20	1941.30	1651.05	1517.40	2474.55	2207.25
	材料费(元)			3.81	3.81	3.81	3.81	3.81	3.81	3.81	3.81
	机械费(元)			129.68	129.68	129.68	129.68	129.68	129.68	129.68	129.68
组成内容		单位	单价	数量							
人工	综合工	工日	135.00	13.82	12.58	15.92	14.38	12.23	11.24	18.33	16.35
材料	聚酯树脂耐酸胶泥	m^3	—	(0.102)	(0.102)	(0.102)	(0.102)	(0.102)	(0.102)	(0.102)	(0.102)
	耐酸板 180×110×25	块	—	(521)	(521)	(521)	(521)	(521)	(521)	(521)	(521)
	水	m^3	7.62	0.5	0.5	0.5	0.5	0.5	0.5	0.5	0.5
机械	灰浆搅拌机 200L	台班	208.76	0.50	0.50	0.50	0.50	0.50	0.50	0.50	0.50
	轴流风机 7.5kW	台班	42.17	0.60	0.60	0.60	0.60	0.60	0.60	0.60	0.60

5.耐酸板（180×110×20）

工作内容：运料、清洗砖板、选砖板、调制胶泥、衬砌砖板、养护。 **单位：**10m²

编号				11-1221	11-1222	11-1223	11-1224	11-1225	11-1226	11-1227	11-1228
项目				圆形立式		圆形卧式		矩形		锥(塔)形	
				1.5m以内	1.5m以外	1.5m以内	1.5m以外	1.5m以内	1.5m以外	1.5m以内	1.5m以外
预算基价	总价(元)			**1989.74**	**1823.69**	**2274.59**	**2066.69**	**1772.39**	**1642.79**	**2599.94**	**2338.04**
	人工费(元)			1856.25	1690.20	2141.10	1933.20	1638.90	1509.30	2466.45	2204.55
	材料费(元)			3.81	3.81	3.81	3.81	3.81	3.81	3.81	3.81
	机械费(元)			129.68	129.68	129.68	129.68	129.68	129.68	129.68	129.68
组成内容		**单位**	**单价**	**数量**							
人工	综合工	工日	135.00	13.75	12.52	15.86	14.32	12.14	11.18	18.27	16.33
材料	聚酯树脂耐酸胶泥	m³	—	(0.101)	(0.101)	(0.101)	(0.101)	(0.101)	(0.101)	(0.101)	(0.101)
	耐酸板 180×110×20	块	—	(521)	(521)	(521)	(521)	(521)	(521)	(521)	(521)
	水	m³	7.62	0.5	0.5	0.5	0.5	0.5	0.5	0.5	0.5
机械	灰浆搅拌机 200L	台班	208.76	0.50	0.50	0.50	0.50	0.50	0.50	0.50	0.50
	轴流风机 7.5kW	台班	42.17	0.60	0.60	0.60	0.60	0.60	0.60	0.60	0.60

6.耐酸板（150×150×30）

工作内容：运料、清洗砖板、选砖板、调制胶泥、衬砌砖板、养护。 **单位：**10m²

编号				11-1229	11-1230	11-1231	11-1232	11-1233	11-1234	11-1235	11-1236
项目				圆形立式		圆形卧式		矩形		锥(塔)形	
				1.5m以内	1.5m以外	1.5m以内	1.5m以外	1.5m以内	1.5m以外	1.5m以内	1.5m以外
预算基价	总价(元)			**1969.49**	**1802.09**	**2252.99**	**2045.09**	**1752.14**	**1621.19**	**2578.34**	**2311.04**
	人工费(元)			1836.00	1668.60	2119.50	1911.60	1618.65	1487.70	2444.85	2177.55
	材料费(元)			3.81	3.81	3.81	3.81	3.81	3.81	3.81	3.81
	机械费(元)			129.68	129.68	129.68	129.68	129.68	129.68	129.68	129.68
组成内容		**单位**	**单价**	**数量**							
人工	综合工	工日	135.00	13.60	12.36	15.70	14.16	11.99	11.02	18.11	16.13
材料	聚酯树脂耐酸胶泥	m³	—	(0.103)	(0.103)	(0.103)	(0.103)	(0.103)	(0.103)	(0.103)	(0.103)
	耐酸板 150×150×30	块	—	(459)	(459)	(459)	(459)	(459)	(459)	(459)	(459)
	水	m³	7.62	0.5	0.5	0.5	0.5	0.5	0.5	0.5	0.5
机械	灰浆搅拌机 200L	台班	208.76	0.50	0.50	0.50	0.50	0.50	0.50	0.50	0.50
	轴流风机 7.5kW	台班	42.17	0.60	0.60	0.60	0.60	0.60	0.60	0.60	0.60

7.耐酸板（150×150×25）

工作内容：运料、清洗砖板、选砖板、调制胶泥、衬砌砖板、养护。

单位：10m²

编号				11-1237	11-1238	11-1239	11-1240	11-1241	11-1242	11-1243	11-1244
项目				圆形立式		圆形卧式		矩形		锥(塔)形	
				1.5m以内	1.5m以外	1.5m以内	1.5m以外	1.5m以内	1.5m以外	1.5m以内	1.5m以外
预算基价	总价(元)			**1958.69**	**1792.64**	**2243.54**	**2035.64**	**1744.04**	**1611.74**	**2568.89**	**2302.94**
	人工费(元)			1825.20	1659.15	2110.05	1902.15	1610.55	1478.25	2435.40	2169.45
	材料费(元)			3.81	3.81	3.81	3.81	3.81	3.81	3.81	3.81
	机械费(元)			129.68	129.68	129.68	129.68	129.68	129.68	129.68	129.68
组成内容		**单位**	**单价**	**数量**							
人工	综合工	工日	135.00	13.52	12.29	15.63	14.09	11.93	10.95	18.04	16.07
材料	聚酯树脂耐酸胶泥	m^3	—	(0.102)	(0.102)	(0.102)	(0.102)	(0.102)	(0.102)	(0.102)	(0.102)
	耐酸板 150×150×25	块	—	(459)	(459)	(459)	(459)	(459)	(459)	(459)	(459)
	水	m^3	7.62	0.5	0.5	0.5	0.5	0.5	0.5	0.5	0.5
机械	灰浆搅拌机 200L	台班	208.76	0.50	0.50	0.50	0.50	0.50	0.50	0.50	0.50
	轴流风机 7.5kW	台班	42.17	0.60	0.60	0.60	0.60	0.60	0.60	0.60	0.60

8.耐酸板（150×150×20）

工作内容：运料、清洗砖板、选砖板、调制胶泥、衬砌砖板、养护。

单位：$10m^2$

编号				11-1245	11-1246	11-1247	11-1248	11-1249	11-1250	11-1251	11-1252
项目				圆形立式		圆形卧式		矩形		锥(塔)形	
				1.5m以内	1.5m以外	1.5m以内	1.5m以外	1.5m以内	1.5m以外	1.5m以内	1.5m以外
预算基价	总价(元)			**1953.29**	**1785.89**	**2235.44**	**2027.54**	**1735.94**	**1603.64**	**2562.14**	**2294.84**
	人工费(元)			1819.80	1652.40	2101.95	1894.05	1602.45	1470.15	2428.65	2161.35
	材料费(元)			3.81	3.81	3.81	3.81	3.81	3.81	3.81	3.81
	机械费(元)			129.68	129.68	129.68	129.68	129.68	129.68	129.68	129.68
组成内容		**单位**	**单价**	**数量**							
人工	综合工	工日	135.00	13.48	12.24	15.57	14.03	11.87	10.89	17.99	16.01
材料	聚酯树脂耐酸胶泥	m^3	—	(0.10)	(0.10)	(0.10)	(0.10)	(0.10)	(0.10)	(0.10)	(0.10)
	耐酸板 150×150×20	块	—	(459)	(459)	(459)	(459)	(459)	(459)	(459)	(459)
	水	m^3	7.62	0.5	0.5	0.5	0.5	0.5	0.5	0.5	0.5
机械	灰浆搅拌机 200L	台班	208.76	0.50	0.50	0.50	0.50	0.50	0.50	0.50	0.50
	轴流风机 7.5kW	台班	42.17	0.60	0.60	0.60	0.60	0.60	0.60	0.60	0.60

9.耐酸板（150×75×20）

工作内容：运料、清洗砖板、选砖板、调制胶泥、衬砌砖板、养护。

单位：$10m^2$

编号				11-1253	11-1254	11-1255	11-1256	11-1257	11-1258	11-1259	11-1260
项目				圆形立式		圆形卧式		矩形		锥(塔)形	
				1.5m以内	1.5m以外	1.5m以内	1.5m以外	1.5m以内	1.5m以外	1.5m以内	1.5m以外
预算基价	总价(元)			**2267.84**	**1984.34**	**2571.59**	**2213.84**	**2016.74**	**1874.99**	**2922.59**	**2481.14**
	人工费(元)			2134.35	1850.85	2438.10	2080.35	1883.25	1741.50	2789.10	2347.65
	材料费(元)			3.81	3.81	3.81	3.81	3.81	3.81	3.81	3.81
	机械费(元)			129.68	129.68	129.68	129.68	129.68	129.68	129.68	129.68
组成内容		单位	单价	数量							
人工	综合工	工日	135.00	15.81	13.71	18.06	15.41	13.95	12.90	20.66	17.39
材料	聚酯树脂耐酸胶泥	m^3	—	(0.103)	(0.103)	(0.103)	(0.103)	(0.103)	(0.103)	(0.103)	(0.103)
	耐酸板 150×75×20	块	—	(912)	(912)	(912)	(912)	(912)	(912)	(912)	(912)
	水	m^3	7.62	0.5	0.5	0.5	0.5	0.5	0.5	0.5	0.5
机械	灰浆搅拌机 200L	台班	208.76	0.50	0.50	0.50	0.50	0.50	0.50	0.50	0.50
	轴流风机 7.5kW	台班	42.17	0.60	0.60	0.60	0.60	0.60	0.60	0.60	0.60

10.耐酸板（150×75×15）

工作内容：运料、清洗砖板、选砖板、调制胶泥、衬砌砖板、养护。

单位：10m^2

编号				11-1261	11-1262	11-1263	11-1264	11-1265	11-1266	11-1267	11-1268
项目				圆形立式		圆形卧式		矩形		锥(塔)形	
				1.5m以内	1.5m以外	1.5m以内	1.5m以外	1.5m以内	1.5m以外	1.5m以内	1.5m以外
预算基价	总价(元)			**2261.09**	**1974.89**	**2563.49**	**2205.74**	**2008.64**	**1868.24**	**2918.54**	**2473.04**
	人工费(元)			2127.60	1841.40	2430.00	2072.25	1875.15	1734.75	2785.05	2339.55
	材料费(元)			3.81	3.81	3.81	3.81	3.81	3.81	3.81	3.81
	机械费(元)			129.68	129.68	129.68	129.68	129.68	129.68	129.68	129.68
组成内容		**单位**	**单价**	**数量**							
人工	综合工	工日	135.00	15.76	13.64	18.00	15.35	13.89	12.85	20.63	17.33
材料	聚酯树脂耐酸胶泥	m^3	—	(0.101)	(0.101)	(0.101)	(0.101)	(0.101)	(0.101)	(0.101)	(0.101)
	耐酸板 150×75×15	块	—	(912)	(912)	(912)	(912)	(912)	(912)	(912)	(912)
	水	m^3	7.62	0.5	0.5	0.5	0.5	0.5	0.5	0.5	0.5
机械	灰浆搅拌机 200L	台班	208.76	0.50	0.50	0.50	0.50	0.50	0.50	0.50	0.50
	轴流风机 7.5kW	台班	42.17	0.60	0.60	0.60	0.60	0.60	0.60	0.60	0.60

四、酚醛胶泥砌浸渍石墨板（100×70×10）

工作内容：运料、清洗砖板、选砖板、调制胶泥、衬砌砖板、养护。 **单位**：10m²

编号				11-1269	11-1270	11-1271	11-1272	11-1273	11-1274	11-1275	11-1276
项目				圆形立式		圆形卧式		矩形		锥(塔)形	
				1.5m以内	1.5m以外	1.5m以内	1.5m以外	1.5m以内	1.5m以外	1.5m以内	1.5m以外
预算基价	总价(元)			**2238.14**	**1964.09**	**2531.09**	**2186.84**	**1996.49**	**1861.49**	**2872.64**	**2443.34**
	人工费(元)			2104.65	1830.60	2397.60	2053.35	1863.00	1728.00	2739.15	2309.85
	材料费(元)			3.81	3.81	3.81	3.81	3.81	3.81	3.81	3.81
	机械费(元)			129.68	129.68	129.68	129.68	129.68	129.68	129.68	129.68
组成内容		单位	单价	数量							
人工	综合工	工日	135.00	15.59	13.56	17.76	15.21	13.80	12.80	20.29	17.11
材料	酚醛耐酸胶泥	m³	—	(0.099)	(0.099)	(0.099)	(0.099)	(0.099)	(0.099)	(0.099)	(0.099)
	浸渍石墨板 100×70×10	块	—	(974)	(974)	(974)	(974)	(974)	(974)	(974)	(974)
	水	m³	7.62	0.5	0.5	0.5	0.5	0.5	0.5	0.5	0.5
机械	灰浆搅拌机 200L	台班	208.76	0.50	0.50	0.50	0.50	0.50	0.50	0.50	0.50
	轴流风机 7.5kW	台班	42.17	0.60	0.60	0.60	0.60	0.60	0.60	0.60	0.60

五、环氧煤焦油胶泥砌块材

1. 113mm厚耐酸砖

工作内容：运料、清洗砖板、选砖板、调制胶泥、衬砌砖板、养护。 **单位**：$10m^2$

编号				11-1277	11-1278	11-1279	11-1280	11-1281	11-1282	11-1283	11-1284
项目				圆形立式		圆形卧式		矩形		锥(塔)形	
				1.5m以内	1.5m以外	1.5m以内	1.5m以外	1.5m以内	1.5m以外	1.5m以内	1.5m以外
预算基价	总价(元)			**3061.23**	**2837.13**	**2982.93**	**2869.53**	**2739.93**	**2561.73**	**3358.23**	**3094.98**
	人工费(元)			2925.45	2701.35	2847.15	2733.75	2604.15	2425.95	3222.45	2959.20
	材料费(元)			6.10	6.10	6.10	6.10	6.10	6.10	6.10	6.10
	机械费(元)			129.68	129.68	129.68	129.68	129.68	129.68	129.68	129.68
组成内容		**单位**	**单价**	**数量**							
人工	综合工	工日	135.00	21.67	20.01	21.09	20.25	19.29	17.97	23.87	21.92
材料	环氧煤焦油耐酸胶泥	m^3	—	(0.141)	(0.141)	(0.141)	(0.141)	(0.141)	(0.141)	(0.141)	(0.141)
	耐酸砖 230×113×65	块	—	(670)	(670)	(670)	(670)	(670)	(670)	(670)	(670)
	水	m^3	7.62	0.8	0.8	0.8	0.8	0.8	0.8	0.8	0.8
机械	灰浆搅拌机 200L	台班	208.76	0.50	0.50	0.50	0.50	0.50	0.50	0.50	0.50
	轴流风机 7.5kW	台班	42.17	0.60	0.60	0.60	0.60	0.60	0.60	0.60	0.60

2. 65mm厚耐酸砖

工作内容： 运料、清洗砖板、选砖板、调制胶泥、衬砌砖板、养护。

单位： 10m²

编号				11-1285	11-1286	11-1287	11-1288	11-1289	11-1290	11-1291	11-1292
项目				圆形立式		圆形卧式		矩形		锥(塔)形	
				1.5m以内	1.5m以外	1.5m以内	1.5m以外	1.5m以内	1.5m以外	1.5m以内	1.5m以外
预算基价	总价(元)			**2019.44**	**1891.19**	**2105.84**	**1919.54**	**1834.49**	**1734.59**	**2193.59**	**2039.69**
	人工费(元)			1885.95	1757.70	1972.35	1786.05	1701.00	1601.10	2060.10	1906.20
	材料费(元)			3.81	3.81	3.81	3.81	3.81	3.81	3.81	3.81
	机械费(元)			129.68	129.68	129.68	129.68	129.68	129.68	129.68	129.68
组成内容		单位	单价	数量							
人工	综合工	工日	135.00	13.97	13.02	14.61	13.23	12.60	11.86	15.26	14.12
材料	环氧煤焦油耐酸胶泥	m³	—	(0.112)	(0.112)	(0.112)	(0.112)	(0.112)	(0.112)	(0.112)	(0.112)
	耐酸砖 230×113×65	块	—	(390)	(390)	(390)	(390)	(390)	(390)	(390)	(390)
	水	m³	7.62	0.5	0.5	0.5	0.5	0.5	0.5	0.5	0.5
机械	灰浆搅拌机 200L	台班	208.76	0.50	0.50	0.50	0.50	0.50	0.50	0.50	0.50
	轴流风机 7.5kW	台班	42.17	0.60	0.60	0.60	0.60	0.60	0.60	0.60	0.60

3.耐酸板（180×110×30）

工作内容：运料、清洗砖板、选砖板、调制胶泥、衬砌砖板、养护。

单位：10m²

编号				11-1293	11-1294	11-1295	11-1296	11-1297	11-1298	11-1299	11-1300
项目				圆形立式		圆形卧式		矩形		锥(塔)形	
				1.5m以内	1.5m以外	1.5m以内	1.5m以外	1.5m以内	1.5m以外	1.5m以内	1.5m以外
预算基价	总价(元)			**2057.24**	**1895.24**	**2328.59**	**2128.79**	**1847.99**	**1721.09**	**2641.79**	**2386.64**
	人工费(元)			1923.75	1761.75	2195.10	1995.30	1714.50	1587.60	2508.30	2253.15
	材料费(元)			3.81	3.81	3.81	3.81	3.81	3.81	3.81	3.81
	机械费(元)			129.68	129.68	129.68	129.68	129.68	129.68	129.68	129.68
组成内容		单位	单价	数量							
人工	综合工	工日	135.00	14.25	13.05	16.26	14.78	12.70	11.76	18.58	16.69
材料	环氧煤焦油耐酸胶泥	m³	—	(0.104)	(0.104)	(0.104)	(0.104)	(0.104)	(0.104)	(0.104)	(0.104)
	耐酸板 180×110×30	块	—	(521)	(521)	(521)	(521)	(521)	(521)	(521)	(521)
	水	m³	7.62	0.5	0.5	0.5	0.5	0.5	0.5	0.5	0.5
机械	灰浆搅拌机 200L	台班	208.76	0.50	0.50	0.50	0.50	0.50	0.50	0.50	0.50
	轴流风机 7.5kW	台班	42.17	0.60	0.60	0.60	0.60	0.60	0.60	0.60	0.60

4.耐酸板（180×110×25）

工作内容：运料、清洗砖板、选砖板、调制胶泥、衬砌砖板、养护。　　　　**单位：**10m²

编号				11-1301	11-1302	11-1303	11-1304	11-1305	11-1306	11-1307	11-1308
项目				圆形立式		圆形卧式		矩形		锥（塔）形	
				1.5m以内	1.5m以外	1.5m以内	1.5m以外	1.5m以内	1.5m以外	1.5m以内	1.5m以外
预算基价	总价(元)			**2046.44**	**1884.44**	**2317.79**	**2117.99**	**1837.19**	**1710.29**	**2630.99**	**2375.84**
	人工费(元)			1912.95	1750.95	2184.30	1984.50	1703.70	1576.80	2497.50	2242.35
	材料费(元)			3.81	3.81	3.81	3.81	3.81	3.81	3.81	3.81
	机械费(元)			129.68	129.68	129.68	129.68	129.68	129.68	129.68	129.68
组成内容		单位	单价	数量							
人工	综合工	工日	135.00	14.17	12.97	16.18	14.70	12.62	11.68	18.50	16.61
材料	环氧煤焦油耐酸胶泥	m³	—	(0.102)	(0.102)	(0.102)	(0.102)	(0.102)	(0.102)	(0.102)	(0.102)
	耐酸板 180×110×25	块	—	(521)	(521)	(521)	(521)	(521)	(521)	(521)	(521)
	水	m³	7.62	0.5	0.5	0.5	0.5	0.5	0.5	0.5	0.5
机械	灰浆搅拌机 200L	台班	208.76	0.50	0.50	0.50	0.50	0.50	0.50	0.50	0.50
	轴流风机 7.5kW	台班	42.17	0.60	0.60	0.60	0.60	0.60	0.60	0.60	0.60

5.耐酸板（180×110×20）

工作内容：运料、清洗砖板、选砖板、调制胶泥、衬砌砖板、养护。

单位：10m²

编号				11-1309	11-1310	11-1311	11-1312	11-1313	11-1314	11-1315	11-1316
项目				圆形立式		圆形卧式		矩形		锥(塔)形	
				1.5m以内	1.5m以外	1.5m以内	1.5m以外	1.5m以内	1.5m以外	1.5m以内	1.5m以外
预算基价	总价(元)			**2038.34**	**1876.34**	**2309.69**	**2109.89**	**1829.09**	**1703.54**	**2624.24**	**2367.74**
	人工费(元)			1904.85	1742.85	2176.20	1976.40	1695.60	1570.05	2490.75	2234.25
	材料费(元)			3.81	3.81	3.81	3.81	3.81	3.81	3.81	3.81
	机械费(元)			129.68	129.68	129.68	129.68	129.68	129.68	129.68	129.68
组成内容		**单位**	**单价**	**数量**							
人工	综合工	工日	135.00	14.11	12.91	16.12	14.64	12.56	11.63	18.45	16.55
材料	环氧煤焦油耐酸胶泥	m³	—	(0.101)	(0.101)	(0.101)	(0.101)	(0.101)	(0.101)	(0.101)	(0.101)
	耐酸板 180×110×20	块	—	(521)	(521)	(521)	(521)	(521)	(521)	(521)	(521)
	水	m³	7.62	0.5	0.5	0.5	0.5	0.5	0.5	0.5	0.5
机械	灰浆搅拌机 200L	台班	208.76	0.50	0.50	0.50	0.50	0.50	0.50	0.50	0.50
	轴流风机 7.5kW	台班	42.17	0.60	0.60	0.60	0.60	0.60	0.60	0.60	0.60

6.耐酸板（150×150×30）

工作内容：运料、清洗砖板、选砖板、调制胶泥、衬砌砖板、养护。

单位：10m²

编号				11-1317	11-1318	11-1319	11-1320	11-1321	11-1322	11-1323	11-1324
项目				圆形立式		圆形卧式		矩形		锥(塔)形	
				1.5m以内	1.5m以外	1.5m以内	1.5m以外	1.5m以内	1.5m以外	1.5m以内	1.5m以外
预算基价	总价(元)			**2019.44**	**1858.79**	**2292.14**	**2090.99**	**1810.19**	**1684.64**	**2605.34**	**2348.84**
	人工费(元)			1885.95	1725.30	2158.65	1957.50	1676.70	1551.15	2471.85	2215.35
	材料费(元)			3.81	3.81	3.81	3.81	3.81	3.81	3.81	3.81
	机械费(元)			129.68	129.68	129.68	129.68	129.68	129.68	129.68	129.68
组成内容		单位	单价	数量							
人工	综合工	工日	135.00	13.97	12.78	15.99	14.50	12.42	11.49	18.31	16.41
材料	环氧煤焦油耐酸胶泥	m^3	—	(0.103)	(0.103)	(0.103)	(0.103)	(0.103)	(0.103)	(0.103)	(0.103)
	耐酸板 150×150×30	块	—	(459)	(459)	(459)	(459)	(459)	(459)	(459)	(459)
	水	m^3	7.62	0.5	0.5	0.5	0.5	0.5	0.5	0.5	0.5
机械	灰浆搅拌机 200L	台班	208.76	0.50	0.50	0.50	0.50	0.50	0.50	0.50	0.50
	轴流风机 7.5kW	台班	42.17	0.60	0.60	0.60	0.60	0.60	0.60	0.60	0.60

7.耐酸板（150×150×25）

工作内容：运料、清洗砖板、选砖板、调制胶泥、衬砌砖板、养护。　　**单位：**10m²

编号				11-1325	11-1326	11-1327	11-1328	11-1329	11-1330	11-1331	11-1332
项目				圆形立式		圆形卧式		矩形		锥(塔)形	
				1.5m以内	1.5m以外	1.5m以内	1.5m以外	1.5m以内	1.5m以外	1.5m以内	1.5m以外
预算基价	总价(元)			**2009.99**	**1849.34**	**2282.69**	**2081.54**	**1800.74**	**1675.19**	**2595.89**	**2339.39**
	人工费(元)			1876.50	1715.85	2149.20	1948.05	1667.25	1541.70	2462.40	2205.90
	材料费(元)			3.81	3.81	3.81	3.81	3.81	3.81	3.81	3.81
	机械费(元)			129.68	129.68	129.68	129.68	129.68	129.68	129.68	129.68
组成内容		单位	单价	数量							
人工	综合工	工日	135.00	13.90	12.71	15.92	14.43	12.35	11.42	18.24	16.34
材料	环氧煤焦油耐酸胶泥	m³	—	(0.102)	(0.102)	(0.102)	(0.102)	(0.102)	(0.102)	(0.102)	(0.102)
	耐酸板 150×150×25	块	—	(459)	(459)	(459)	(459)	(459)	(459)	(459)	(459)
	水	m³	7.62	0.5	0.5	0.5	0.5	0.5	0.5	0.5	0.5
机械	灰浆搅拌机 200L	台班	208.76	0.50	0.50	0.50	0.50	0.50	0.50	0.50	0.50
	轴流风机 7.5kW	台班	42.17	0.60	0.60	0.60	0.60	0.60	0.60	0.60	0.60

8.耐酸板（150×150×20）

工作内容：运料、清洗砖板、选砖板、调制胶泥、衬砌砖板、养护。

单位：$10m^2$

编号				11-1333	11-1334	11-1335	11-1336	11-1337	11-1338	11-1339	11-1340
项目				圆形立式		圆形卧式		矩形		锥（塔）形	
				1.5m以内	1.5m以外	1.5m以内	1.5m以外	1.5m以内	1.5m以外	1.5m以内	1.5m以外
预算基价	总价(元)			**1999.19**	**1838.54**	**2271.89**	**2070.74**	**1789.94**	**1664.39**	**2585.09**	**2328.59**
	人工费(元)			1865.70	1705.05	2138.40	1937.25	1656.45	1530.90	2451.60	2195.10
	材料费(元)			3.81	3.81	3.81	3.81	3.81	3.81	3.81	3.81
	机械费(元)			129.68	129.68	129.68	129.68	129.68	129.68	129.68	129.68
组成内容		**单位**	**单价**	**数量**							
人工	综合工	工日	135.00	13.82	12.63	15.84	14.35	12.27	11.34	18.16	16.26
材料	环氧煤焦油耐酸胶泥	m^3	—	(0.10)	(0.10)	(0.10)	(0.10)	(0.10)	(0.10)	(0.10)	(0.10)
	耐酸板 150×150×20	块	—	(459)	(459)	(459)	(459)	(459)	(459)	(459)	(459)
	水	m^3	7.62	0.5	0.5	0.5	0.5	0.5	0.5	0.5	0.5
机械	灰浆搅拌机 200L	台班	208.76	0.50	0.50	0.50	0.50	0.50	0.50	0.50	0.50
	轴流风机 7.5kW	台班	42.17	0.60	0.60	0.60	0.60	0.60	0.60	0.60	0.60

9.耐酸板（150×75×20）

工作内容：运料、清洗砖板、选砖板、调制胶泥、衬砌砖板、养护。 **单位：**10m²

编号				11-1341	11-1342	11-1343	11-1344	11-1345	11-1346	11-1347	11-1348
项目				圆形立式		圆形卧式		矩形		锥(塔)形	
				1.5m以内	1.5m以外	1.5m以内	1.5m以外	1.5m以内	1.5m以外	1.5m以内	1.5m以外
预算基价	总价(元)			**2305.64**	**2030.24**	**2597.24**	**2254.34**	**2062.64**	**1927.64**	**2938.79**	**2510.84**
	人工费(元)			2172.15	1896.75	2463.75	2120.85	1929.15	1794.15	2805.30	2377.35
	材料费(元)			3.81	3.81	3.81	3.81	3.81	3.81	3.81	3.81
	机械费(元)			129.68	129.68	129.68	129.68	129.68	129.68	129.68	129.68
组成内容		单位	单价	数量							
人工	综合工	工日	135.00	16.09	14.05	18.25	15.71	14.29	13.29	20.78	17.61
材料	环氧煤焦油耐酸胶泥	m³	—	(0.103)	(0.103)	(0.103)	(0.103)	(0.103)	(0.103)	(0.103)	(0.103)
	耐酸板 150×75×20	块	—	(912)	(912)	(912)	(912)	(912)	(912)	(912)	(912)
	水	m³	7.62	0.5	0.5	0.5	0.5	0.5	0.5	0.5	0.5
机械	灰浆搅拌机 200L	台班	208.76	0.50	0.50	0.50	0.50	0.50	0.50	0.50	0.50
	轴流风机 7.5kW	台班	42.17	0.60	0.60	0.60	0.60	0.60	0.60	0.60	0.60

10.耐酸板（150×75×15）

工作内容：运料、清洗砖板、选砖板、调制胶泥、衬砌砖板、养护。

单位：10m^2

编号				11-1349	11-1350	11-1351	11-1352	11-1353	11-1354	11-1355	11-1356
项目				圆形立式		圆形卧式		矩形		锥(塔)形	
				1.5m以内	1.5m以外	1.5m以内	1.5m以外	1.5m以内	1.5m以外	1.5m以内	1.5m以外
预算基价	总价(元)			**2320.49**	**2020.79**	**2587.79**	**2244.89**	**2054.54**	**1919.54**	**2929.34**	**2501.39**
	人工费(元)			2187.00	1887.30	2454.30	2111.40	1921.05	1786.05	2795.85	2367.90
	材料费(元)			3.81	3.81	3.81	3.81	3.81	3.81	3.81	3.81
	机械费(元)			129.68	129.68	129.68	129.68	129.68	129.68	129.68	129.68
组成内容		单位	单价	数量							
人工	综合工	工日	135.00	16.20	13.98	18.18	15.64	14.23	13.23	20.71	17.54
材料	环氧煤焦油耐酸胶泥	m^3	—	(0.101)	(0.101)	(0.101)	(0.101)	(0.101)	(0.101)	(0.101)	(0.101)
	耐酸板 150×75×15	块	—	(912)	(912)	(912)	(912)	(912)	(912)	(912)	(912)
	水	m^3	7.62	0.5	0.5	0.5	0.5	0.5	0.5	0.5	0.5
机械	灰浆搅拌机 200L	台班	208.76	0.50	0.50	0.50	0.50	0.50	0.50	0.50	0.50
	轴流风机 7.5kW	台班	42.17	0.60	0.60	0.60	0.60	0.60	0.60	0.60	0.60

六、硅质胶泥抹面

工作内容：清理基层，涂稀胶泥，调制胶泥，分层抹平，酸洗，钩钉制作、安装，挂钢丝网。 **单位：**$10m^2$

编号				11-1357
项目				硅质胶泥抹面
				20mm厚
预算基价	总价(元)			**3574.04**
	人工费(元)			2910.60
	材料费(元)			217.16
	机械费(元)			446.28
组成内容		**单位**	**单价**	**数量**
人工	综合工	工日	135.00	21.56
材料	硅质耐酸泥	m^3	—	(0.21)
	水	m^3	7.62	1
	镀锌钢丝网 10×10×0.9	m^2	12.55	12
	圆钢 *D*5.5～9.0	t	3896.14	0.010
	硫酸 38%	kg	2.94	3
	电焊条 E4303 *D*3.2	kg	7.59	1.47
机械	灰浆搅拌机 200L	台班	208.76	1.00
	交流弧焊机 32kV·A	台班	87.97	2.70

七、耐酸砖、板衬里砌体热处理

工作内容： 制作、安装电炉，升温，记录，检查。　　　　**单位：** 10m²

编号				11-1358
项目				耐酸砖板衬砌体热处理
预算基价	总价(元)			**588.33**
	人工费(元)			434.70
	材料费(元)			140.90
	机械费(元)			12.73
	组成内容	**单位**	**单价**	**数量**
人工	综合工	工日	135.00	3.22
材料	电炉丝 220V 2000W	条	15.17	1
	橡皮绝缘线 BLX-500	m	10.01	3.5
	轻质耐火砖 230×113×65	千块	2081.40	0.002
	玻璃管温度计 WNG-11 0～200℃	支	25.21	1
	电	kW·h	0.73	84
机械	自耦变压器 10kW	台班	12.73	1.00

附　录

附录一 材 料 价 格

说 明

一、本附录材料价格为不含税价格，是确定预算基价子目中材料费的基期价格。

二、材料价格由材料采购价、运杂费、运输损耗费和采购及保管费组成。计算公式如下：

采购价为供货地点交货价格：

材料价格＝(采购价＋运杂费)×(1＋运输损耗率)×(1＋采购及保管费费率)

采购价为施工现场交货价格：

材料价格＝采购价×(1＋采购及保管费费率)

三、运杂费指材料由供货地点运至工地仓库(或现场指定堆放地点)所发生的全部费用。运输损耗指材料在运输装卸过程中不可避免的损耗，材料损耗率如下表：

材料损耗率表

材 料 类 别	损 耗 率
页岩标砖、空心砖、砂、水泥、陶粒、耐火土、水泥地面砖、白瓷砖、卫生洁具、玻璃灯罩	1.0%
机制瓦、脊瓦、水泥瓦	3.0%
石棉瓦、石子、黄土、耐火砖、玻璃、色石子、大理石板、水磨石板、混凝土管、缸瓦管	0.5%
砌块、白灰	1.5%

注：表中未列的材料类别，不计损耗。

四、采购及保管费是指为组织采购、供应和保管材料、工程设备的过程中所需要的各项费用。采购及保管费费率按0.42%计取。

五、附录中材料价格是编制期天津市建筑材料市场综合取定的施工现场交货价格，并考虑了采购及保管费。

六、采用简易计税方法计取增值税时，材料的含税价格按照税务部门有关规定计算，以“元”为单位的材料费按系数1.1086调整。

材料价格表

序号	材料名称	规格	单位	单价(元)
1	硅酸盐水泥	42.5级	kg	0.41
2	轻质耐火砖	230×113×65	千块	2081.40
3	白灰	—	kg	0.30
4	砂子	—	t	87.03
5	石油沥青	10#	kg	4.04
6	油毡纸	—	m^2	0.67
7	沥青油毡	350#	m^2	3.83
8	防水粉	—	kg	4.21
9	玻璃布	0.22	m^2	4.18
10	玻璃丝布	δ0.2	m^2	3.12
11	玻璃丝布	δ0.5	m^2	3.41
12	石棉灰	Ⅳ级	kg	1.01
13	石棉绒	(综合)	kg	12.32
14	石棉保温板	—	kg	10.11
15	硅藻土粉	生料	kg	0.80
16	石英粉	—	kg	0.42
17	石英砂	—	kg	0.28
18	木板	—	m^3	1672.03
19	道木	250×200×2500	根	452.90
20	镀锌钢丝	(综合)	kg	7.16
21	镀锌钢丝	D0.7～1.2	kg	7.34
22	镀锌钢丝	D1.2～2.2	kg	7.13
23	镀锌钢丝	D2.8～4.0	kg	6.91
24	圆钢	D5.5～9.0	t	3896.14
25	镀锌圆钢	D5.5～9.0	t	4742.00
26	热轧角钢	＞63	t	3649.53
27	热轧扁钢	＜59	t	3665.80
28	普碳钢板	Q195～Q235 δ1.0～1.5	t	3992.69
29	普碳钢板	(综合)	kg	4.18
30	镀锌薄钢板	δ0.5	m^2	18.42
31	热轧薄钢板	δ0.5～1.0	kg	3.73

续表

序号	材料名称	规格	单位	单价（元）
32	钢板压条	50×10	kg	7.68
33	锌	99.99%	kg	23.32
34	锡	各种规格	kg	149.34
35	圆钉	—	kg	6.68
36	塑料钉	—	套	0.13
37	塑料保温钉	—	套	0.06
38	镀锌钢丝网	10×10×0.9	m^2	12.55
39	镀锌钢丝网	25×25×0.7	m^2	12.66
40	低碳钢焊条	J422 *D*3.2	kg	3.60
41	电焊条	E4303 *D*3.2	kg	7.59
42	自攻螺钉	M4×12	个	0.06
43	平头圆颈带帽螺栓	M10×40	个	0.30
44	角次螺栓	M4×20	个	0.09
45	垫圈	M10～20	个	0.14
46	铝钉	—	套	0.20
47	钻头	*D*3	个	1.47
48	铁皮箍	—	kg	2.25
49	酚醛调和漆	各种颜色	kg	10.67
50	白漆	—	kg	17.58
51	生漆	—	kg	65.76
52	酚醛磁漆	各种颜色	kg	14.23
53	聚氨酯磁漆	—	kg	18.93
54	环氧磁漆	—	kg	17.72
55	过氯乙烯磁漆	G52-1	kg	18.22
56	醇酸磁漆	各种颜色	kg	17.34
57	弹性聚氨酯磁漆	甲组	kg	27.30
58	弹性聚氨酯磁漆	乙组	kg	27.30
59	醇酸清漆	C01-1	kg	13.45
60	酚醛清漆	F01-1 各种颜色	kg	14.12
61	过氯乙烯清漆	G52-2	kg	15.56
62	清油	—	kg	15.06

续表

序号	材料名称	规格	单位	单价（元）
63	H87稀释剂	—	kg	7.70
64	H8701稀释剂	—	kg	7.70
65	稀释剂	—	kg	8.93
66	醇酸漆稀释剂	X6	kg	8.29
67	有机硅漆稀释剂	X13	kg	14.06
68	环氧稀释剂	—	kg	14.00
69	NSJ稀释剂	—	kg	14.48
70	过氯乙烯漆稀释剂	X3	kg	13.66
71	过氯乙烯漆稀释剂	X6	kg	13.66
72	氯磺化聚乙烯漆稀释剂	—	kg	15.96
73	环氧富锌漆	—	kg	28.43
74	有机硅耐热漆	W61-25	kg	58.71
75	酚醛耐酸漆	—	kg	17.52
76	漆酚树脂漆	—	kg	14.00
77	酚醛烟囱漆	—	kg	13.33
78	煤焦沥青漆	L01-17	kg	11.34
79	沥青耐酸漆	—	kg	14.18
80	酚醛防锈漆	各种颜色	kg	17.27
81	防锈漆	C53-1	kg	13.20
82	锌粉	—	kg	23.94
83	银粉	—	kg	22.81
84	红丹环氧防锈漆	—	kg	21.35
85	沥青船底漆	—	kg	11.68
86	带锈底漆	—	kg	18.57
87	氯磺化聚乙烯底漆	—	kg	18.73
88	聚氨酯底漆	—	kg	12.16
89	弹性聚氨酯底漆	—	kg	17.59
90	过氯乙烯底漆	G06-4	kg	13.87
91	磷化底漆	—	kg	19.25
92	氯磺化聚乙烯中间漆	—	kg	17.95
93	氯磺化聚乙烯面漆	—	kg	13.55

续表

序号	材料名称	规格	单位	单价（元）
94	硫酸	38%	kg	2.94
95	稀盐酸	—	kg	3.02
96	磷酸	85%	kg	4.93
97	水玻璃	—	kg	2.38
98	烧碱	—	kg	8.63
99	碳酸钠	—	kg	7.93
100	H87涂料	—	kg	23.89
101	H8701涂料	—	kg	23.89
102	硅酸锌涂料	—	kg	19.69
103	底涂料	—	kg	27.37
104	KJ130涂料	A、B、C、D	kg	23.29
105	NSJ特种防腐涂料	—	kg	29.60
106	氧气	—	m^3	2.88
107	乙炔气	—	kg	14.66
108	氨气	—	m^3	3.82
109	氢气	—	m^3	12.55
110	酚酞	—	kg	186.21
111	铅油	—	kg	11.17
112	一氧化铅	—	kg	11.72
113	氯化锌	—	kg	9.02
114	二甲苯	—	kg	5.21
115	动力苯	—	kg	8.25
116	甲苯	国产	kg	10.17
117	丁醇	—	kg	8.76
118	二氯乙烷	—	kg	11.36
119	环氧树脂	各种规格	kg	28.33
120	酚醛树脂	2130	kg	10.04
121	过氯乙烯树脂	—	kg	23.10
122	醋酸酊酯	—	kg	21.92
123	双酚A型不饱和聚酯树脂	—	kg	31.70
124	丙酮	—	kg	9.89

续表

序号	材料名称	规格	单位	单价（元）
125	苯磺酰氯	—	kg	14.49
126	醋酸乙酯	—	kg	22.87
127	乙二胺	—	kg	21.96
128	滑石粉	—	kg	0.59
129	石膏粉	特制	kg	0.94
130	亚硝酸钠	—	kg	3.99
131	沥青玛琋脂液	—	kg	12.40
132	邻苯二甲酸二丁酯	—	kg	14.62
133	呋喃粉	YJ-1型	kg	10.12
134	糠醇树脂	—	kg	7.74
135	环烷酸钴苯乙烯溶液	—	kg	16.96
136	YJ型呋喃液	—	kg	16.96
137	过氧化环乙酮糊液	50%	kg	21.81
138	氯化锡	—	kg	44.80
139	固化剂	—	kg	38.49
140	红丹环氧固化剂	—	kg	56.74
141	环氧固化剂	—	kg	56.74
142	乙醇	—	kg	9.69
143	胶料	4508#	kg	7.05
144	胶料	S1002	kg	8.31
145	钢制磨料	—	kg	3.98
146	401胶	—	kg	19.51
147	氯丁胶（XY401）	—	kg	14.71
148	胶粘剂	1#	kg	28.27
149	胶粘剂	2#	kg	15.06
150	塑料粘胶带	—	盘	2.64
151	煤	—	t	527.83
152	焦炭	—	kg	1.25
153	木柴	—	kg	1.03
154	煤焦油	—	kg	1.15
155	汽油	60#～70#	kg	6.67

续表

序号	材料名称	规格	单位	单价（元）
156	溶剂汽油	200#	kg	6.90
157	麻袋布	—	m^2	15.22
158	铁砂布	0# ~2#	张	1.15
159	白布	—	m^2	10.34
160	破布	—	kg	5.07
161	丝绸绝缘布	—	m^2	7.90
162	尼龙网	—	m^2	14.91
163	塑料布	—	m^2	1.96
164	聚氯乙烯薄膜	—	kg	12.44
165	桐油钙松香	—	kg	6.08
166	麻刀	—	kg	3.92
167	水	—	m^3	7.62
168	电	—	kW•h	0.73
169	肥皂	—	块	1.34
170	橡胶溶解剂油	—	kg	2.74
171	盒胶板	—	kg	9.91
172	钢丝刷	—	把	6.20
173	砂轮片	*D*200	片	5.80
174	毛刷	—	把	1.75
175	蒸汽	—	t	14.56
176	瓷粉	—	kg	0.96
177	玻璃管温度计	WNG-11 0~200℃	支	25.21
178	耐油胶管	5×5帆布5层	m	20.75
179	氧气胶管	*D*8	m	6.70
180	橡皮绝缘线	BLX-500(2根35mm^2)	m	10.01
181	电阻丝	—	根	11.04
182	电阻丝	*D*0.3	kg	151.35
183	红外线灯泡	220V 1000W	个	235.26
184	铝箔	—	m^2	12.80
185	铝箔胶带	45mm	卷	32.56
186	电炉丝	220V 2000W	条	15.17

附录二　施工机械台班价格

说　　明

一、本附录机械不含税价格是确定预算基价中机械费的基期价格，也可作为确定施工机械台班租赁价格的参考。

二、台班单价按每台班8小时工作制计算。

三、台班单价由折旧费、检修费、维护费、安拆费及场外运费、人工费、燃料动力费和其他费组成。

四、安拆费及场外运费根据施工机械不同分为计入台班单价、单独计算和不计算三种类型。

1.工地间移动较为频繁的小型机械及部分中型机械，其安拆费及场外运费计入台班单价。

2.移动有一定难度的特、大型（包括少数中型）机械，其安拆费及场外运费单独计算。单独计算的安拆费及场外运费除应计算安拆费、场外运费外，还应计算辅助设施（包括基础、底座、固定锚桩、行走轨道枕木等）的折旧、搭设和拆除等费用。

3.不需安装、拆卸且自身能开行的机械和固定在车间不需安装、拆卸及运输的机械，其安拆费及场外运费不计算。

五、采用简易计税方法计取增值税时，机械台班价格应为含税价格，以“元”为单位的机械台班费按系数1.0902调整。

施工机械台班价格表

序号	机械名称	规格型号	台班不含税单价（元）	台班含税单价（元）
1	汽车式起重机	8t	767.15	816.68
2	汽车式起重机	16t	971.12	1043.79
3	门式起重机	10t	465.57	485.34
4	卷扬机	单筒慢速 10kN	199.03	202.55
5	灰浆搅拌机	200L	208.76	210.10
6	木工圆锯机	*D*600	35.46	39.35
7	剪板机	20×2500	329.03	345.63
8	卷板机	2×1600	230.33	235.07
9	钢筋切断机	*D*40	42.81	47.01
10	咬口机	1.5	16.91	19.13
11	喷砂除锈机	$3m^3/min$	34.55	38.31
12	抛丸除锈机	500mm	375.12	421.29
13	抛丸除锈机	1000mm	655.96	736.95
14	交流弧焊机	21kV•A	60.37	66.66
15	交流弧焊机	32kV•A	87.97	98.06
16	电动空气压缩机	$1m^3/min$	52.31	56.92
17	电动空气压缩机	$3m^3/min$	123.57	136.82
18	电动空气压缩机	$6m^3/min$	217.48	242.86
19	电动空气压缩机	$10m^3/min$	375.37	421.34
20	鼓风机	$18m^3/min$	41.24	44.90
21	压鼓机	—	20.55	22.40
22	轴流风机	7.5kW	42.17	46.69
23	轴流风机	30kW	139.30	156.72
24	自耦变压器	10kW	12.73	13.88
25	喷涂机	—	35.38	38.57
26	压线机	—	19.92	21.72
27	空气过滤器	—	15.04	16.40

附录三　硅质耐酸胶泥配合比、各种材料用量表

硅质耐酸胶泥配合比、各种材料用量表

材料名称	规　格	单位	配合比 I		配合比 II		配合比III		配合比IV		配合比V	
			质量比（%）	取定量（kg）	质量比（%）	取定量（kg）	质量比（%）	取定量（kg）	质量比（%）	取定量（kg）	质量比（%）	取定量（kg）
水玻璃（钠）	模数：2.6～2.8 密度：1.4～1.5	kg	100	650.00	100	650.00	100	650.00	—	—	100	650.00
水玻璃（钾）	11	kg	—	—	—	—	—	—	100	650.00	—	—
氟硅酸钠	＞95%	kg	15～18	117.00	15～18	117.00	—	—	—	—	—	-
石英粉	120目	kg	110～120	780.00	—	—	—	—	—	—	—	—
铸石粉	120目	kg	110～120	780.00	255～270	1755.00	—	—	—	—	—	—
IG-1耐酸灰	—	kg	—	—	—	—	240～260	1690.00	—	—	—	—
KP1 耐酸灰	—	kg	—	—	—	—	—	—	240～250	1625.00	—	—
L91 耐酸灰	—	kg	—	—	—	—	—	—	—	—	240～260	1690.00

注：如因设计要求和各地区的施工条件不同，所有的固化剂、稀释剂、增塑剂和填料的品种和配合比不同时，可以按本表各种水玻璃和树脂耗用量为基数进行换算调整。

附录四　环氧耐酸胶泥配合比、各种材料用量表

环氧耐酸胶泥配合比、各种材料用量表

材料名称	规格	单位	配合比Ⅰ		配合比Ⅱ		配合比Ⅲ		配合比Ⅳ	
			质量比（%）	取定量（kg）	质量比（%）	取定量（kg）	质量比（%）	取定量（kg）	质量比（%）	取定量（kg）
环氧树脂	E44	kg	100	652.00	—	—	—	—	—	—
	E42	kg	—	—	100	652.00	—	—	—	—
	637	kg	—	—	—	—	100	652.00	—	—
	644	kg	—	—	—	—	—	—	100	652.00
稀释剂：丙酮	—	kg	0～20	65.00	0～20	65.00	20	130.40	20	130.40
固化剂 （1）乙二胺	—	kg	6～8	52.20	6～7	45.60	6	39.00	7	45.60
固化剂 （2）乙二胺∶丙酮	1∶1	kg	（12～16）	-	（12～14）	—	—	—	—	—
增塑剂：邻苯二甲酸二丁酯	—	kg	（10）	—	（10）	—	12	78.20	12	78.20
填料 （1）石英粉	120目	kg	150～250	1304.00	150～250	1304.00	160～200	1300.00	160～200	1300.00
填料 （2）瓷粉	—	kg	（150～250）	—	（150～250）	—	（160～200）	—	（160～200）	—
填料 （3）辉绿岩粉	—	kg	（180～250）	—	（180～250）	—	—	—	—	—
填料 （4）硫酸钡	—	kg	（180～250）	—	（180～250）	—	—	—	—	—
填料 （5）石墨粉	低碳	kg	（100～160）	—	（100～160）	—	—	—	—	—

注：1.如因设计要求和各地区的施工条件不同，所有的固化剂、稀释剂、增塑剂和填料的品种和配合比不同时，可以按本表各种水玻璃和树脂耗用量为基数进行换算调整。
2.表中（ ）内数据为亦可选用数据。

附录五　酚醛耐酸胶泥配合比、各种材料用量表

酚醛耐酸胶泥配合比、各种材料用量表

材料名称		规格	单位	配合比Ⅰ		配合比Ⅱ	
				质量比（%）	取定量（kg）	质量比（%）	取定量（kg）
酚醛树脂		—	kg	100	650.00	100	650.00
固化剂	（1）苯磺酰氯	—	kg	6～8	52.20	8	52.20
	（2）硫黄乙酯（硫黄：乙醇）	1:3	kg	（6～10）	—	—	—
	（3）对甲苯磺酰氯	—	kg	（8～12）	—	—	—
	（4）NL 固化剂	—	kg	（5～10）	—	—	—
	（5）胶泥改进剂	—	kg	（10）	—	—	—
填料	（1）石英粉	120目	kg	150～200	1300.00	—	—
	（2）瓷粉	—	kg	（150～200）	—	—	—
	（3）石英粉：硅石粉	8:2	kg	（150～200）	—	—	—
	（4）石英粉：辉绿岩粉	8:2	kg	（150～200）	—	—	—
	（5）硫酸钡	—	kg	（180～200）	—	—	—
	（6）石墨粉：硫酸钡	1:1	kg	（180～200）	—	—	—
	（7）石墨粉	低碳	kg	—	—	150	975.00

注：1.如因设计要求和各地区的施工条件不同，所有的固化剂、稀释剂、增塑剂和填料的品种和配合比不同时，可以按本表各种水玻璃和树脂耗用量为基数进行换算调整。
2.表中（ ）内数据为亦可选用数据。

附录六　呋喃耐酸胶泥配合比、各种材料用量表

呋喃耐酸胶泥配合比、各种材料用量表

材料名称		规格	单位	配合比Ⅰ		配合比Ⅱ		配合比Ⅲ		配合比Ⅳ	
				质量比（%）	取定量（kg）	质量比（%）	取定量（kg）	质量比（%）	取定量（kg）	质量比（%）	取定量（kg）
胶粘剂	糠醇树脂	—	kg	100	700.00	—	—	—	—	—	—
	糠酮树脂	—	kg	—	—	100	700.00	—	—	—	—
	糠酮甲醛树脂	—	kg	—	—	—	—	100	700.00	—	—
	YJ呋喃树脂	—	kg	—	—	—	—	—	—	100	490.00
稀释剂	甲苯	—	kg	0～10	70.00	0～10	70.00	—	—	—	—
	丙酮	—	kg	（0～10）	—	（0～10）	—	—	—	—	—
固化剂	苯磺酰氯：磷酸	4∶3.5～5	kg	8～12	84.00	—	—	—	—	—	—
	硫酸乙酯（硫酸：乙醇）	2～3∶1	kg	—	—	（10～14）	84.00	10～14	98.00	—	—
增塑剂：亚磷酸三苯酯		—	kg	10	70.00	10	70.00	—	—	—	—
填料	（1）石英粉	120目	kg	130～200	1400.00	130～120	1400.00	150～200	1400.00	—	—
	（2）瓷粉	—	kg	（130～200）	—	（130～200）	—	（150～200）	—	—	—
	（3）石英粉：硅石粉	8∶2	kg	（130～200）	—	（130～200）	—	—	—	—	—
	（4）石英粉：辉绿岩粉	8∶2	kg	（130～180）	—	（130～180）	—	—	—	—	—
	（5）硫酸钡	—	kg	（180～220）	—	（180～220）	—	—	—	—	—
	（6）石墨粉：硫酸钡	1∶1	kg	（150～200）	—	（150～200）	—	—	—	—	—
	（7）YJ呋喃粉	2型	kg	—	—	—	—	—	—	350～400	1862.00

注：1.如因设计要求和各地区的施工条件不同，所有的固化剂、稀释剂、增塑剂和填料的品种和配合比不同时，可以按本表各种水玻璃和树脂耗用量为基数进行换算调整。
2.表中（ ）内数据为亦可选用数据。

附录七　环氧酚醛耐酸胶泥配合比、各种材料用量表

环氧酚醛耐酸胶泥配合比、各种材料用量表

材料名称		规格	单位	配合比Ⅰ		配合比Ⅱ		配合比Ⅲ	
				质量比（%）	取定量（kg）	质量比（%）	取定量（kg）	质量比（%）	取定量（kg）
环氧树脂		—	kg	70	475.00	70	475.00	50	340.00
酚醛树脂		—	kg	30	204.00	30	204.00	50	340.00
固化剂	乙二胺	—	kg	6～8	54.30	5～6	40.70	2.5～3.5	23.80
	苯磺酰氯	—	kg	—	—	2.3～3.5	23.80	2.5～3.5	23.80
填料	（1）石英粉	120目	kg	180～220	1358.00	180～220	1580.00	180～220	1360.00
	（2）瓷粉	—	kg	（180～220）	—	（180～220）	—	（180～220）	—
	（3）辉绿岩粉	—	kg	（180～220）	—	（180～220）	—	（180～220）	—
	（4）石墨粉	低碳	kg	（90～150）	—	（90～150）	—	（90～150）	—

注：1.如因设计要求和各地区的施工条件不同，所有的固化剂、稀释剂、增塑剂和填料的品种和配合比不同时，可以按本表各种水玻璃和树脂耗用量为基数进行换算调整。
　　2.表中（ ）内数据为亦可选用数据。

附录八　环氧呋喃耐酸胶泥配合比、各种材料用量表

环氧呋喃耐酸胶泥配合比、各种材料用量表

材料名称		规　格	单位	配合比Ⅰ		配合比Ⅱ		配合比Ⅲ	
				质量比（%）	取定量（kg）	质量比（%）	取定量（kg）	质量比（%）	取定量（kg）
环氧树脂		—	kg	70	496.00	70	496.00	70	496.00
酚醛树脂		糠酮型	kg	30	213.00	30	213.00	30	213.00
固化剂：乙二胺		—	kg	8	56.70	8	56.70	6～8	56.70
增塑剂	亚磷酸三苯酯	—	kg	12	85.10	—	—	—	—
	邻苯二甲酸二丁酯	—	kg	—	—	10	70.90	—	—
填料	（1）石英粉：辉绿岩粉	2:3	kg	160	1134.40	160	1134.40	—	—
	（2）石英粉	—	kg	—	—	—	—	180～200	1418.00
	（3）瓷粉	—	kg	—	—	—	—	（180～200）	—
	（4）辉绿岩粉	—	kg	—	—	—	—	（180～200）	—
	（5）硫酸钡	—	kg	—	—	—	—	（180～200）	—
	（6）石墨粉	—	kg	—	—	—	—	（180～200）	—

注：1.如因设计要求和各地区的施工条件不同，所有的固化剂、稀释剂、增塑剂和填料的品种和配合比不同时，可以按本表各种水玻璃和树脂耗用量为基数进行换算调整。
2.表中（ ）内数据为亦可选用数据。

附录九　环氧焦油耐酸胶泥配合比、各种材料用量表

环氧焦油耐酸胶泥配合比、各种材料用量表

<table>
<tr><th rowspan="2" colspan="2">材料名称</th><th rowspan="2">规　格</th><th rowspan="2">单位</th><th colspan="2">无溶剂型</th><th colspan="2">有溶剂型</th></tr>
<tr><th>质量比（%）</th><th>取定量（kg）</th><th>质量比（%）</th><th>取定量（kg）</th></tr>
<tr><td colspan="2">环氧树脂</td><td>—</td><td>kg</td><td>100</td><td>338.00</td><td>85</td><td>287.00</td></tr>
<tr><td colspan="2">煤焦油（已脱水）</td><td>—</td><td>kg</td><td>100</td><td>338.00</td><td>85</td><td>287.00</td></tr>
<tr><td colspan="2">甲苯</td><td>—</td><td>kg</td><td>—</td><td>—</td><td>30</td><td>102.00</td></tr>
<tr><td rowspan="2">固化剂</td><td>乙二胺</td><td>—</td><td>kg</td><td>6</td><td>20.30</td><td>6</td><td>20.30</td></tr>
<tr><td>丙酮</td><td>—</td><td>kg</td><td>6</td><td>20.30</td><td>6</td><td>20.30</td></tr>
<tr><td rowspan="3">填料</td><td>（1）石英粉</td><td>120目</td><td>kg</td><td>424</td><td>1433.00</td><td>420</td><td>1419.60</td></tr>
<tr><td>（2）瓷粉</td><td>—</td><td>kg</td><td>（424）</td><td>—</td><td>（420）</td><td>—</td></tr>
<tr><td>（3）辉绿岩粉</td><td>—</td><td>kg</td><td>（424）</td><td>—</td><td>（420）</td><td>—</td></tr>
</table>

注：1.如因设计要求和各地区的施工条件不同，所有的固化剂、稀释剂、增塑剂和填料的品种和配合比不同时，可以按本表各种水玻璃和树脂耗用量为基数进行换算调整。
2.表中（ ）内数据为亦可选用数据。

附录十　聚酯树脂耐酸胶泥配合比、各种材料用量表

聚酯树脂耐酸胶泥配合比、各种材料用量表

材料名称	单　位	质量比（%）	取定量（kg）
W2-1聚酯树脂	kg	31.29	650.00
过氧化环己酮	kg	1.22	25.35
萘酸钴液	kg	0.62	12.90
二甲基苯胺	kg	0.62	12.90
苯乙烯	kg	4.29	89.05
瓷粉	kg	61.96	1287.00

注：如因设计要求和各地区的施工条件不同，所有的固化剂、稀释剂、增塑剂和填料的品种和配合比不同时，可以按本表各种水玻璃和树脂耗用量为基数进行换算调整。

附录十一 无缝钢管绝热刷油工程量计算表

无缝钢管绝热刷油工程量计算表 **单位：100m**

序号	管道外径（mm）	绝热层厚度（mm） 0 体积（m^3）	0 面积（m^2）	20 体积（m^3）	20 面积（m^2）	25 体积（m^3）	25 面积（m^2）	30 体积（m^3）	30 面积（m^2）	35 体积（m^3）	35 面积（m^2）	40 体积（m^3）	40 面积（m^2）
1	14.00	0	4.40	0.23	20.16	0.33	23.47	0.43	26.77	0.57	30.07	0.72	33.36
2	17.00	0	5.34	0.25	21.11	0.35	24.41	0.46	27.71	0.60	31.01	0.75	34.31
3	18.00	0	5.65	0.25	21.42	0.35	24.72	0.48	28.02	0.62	31.32	0.77	34.62
4	21.20	0	6.66	0.27	22.43	0.38	25.73	0.51	29.03	0.65	32.33	0.82	35.63
5	21.30	0	6.69	0.27	22.46	0.38	25.76	0.51	29.06	0.65	32.36	0.82	35.66
6	21.70	0	6.82	0.28	22.59	0.38	25.89	0.52	29.19	0.66	32.48	0.82	35.78
7	22.00	0	6.91	0.28	22.68	0.39	25.98	0.52	29.28	0.66	32.58	0.82	35.88
8	24.50	0	7.70	0.29	23.47	0.41	26.77	0.54	30.07	0.69	33.36	0.86	36.66
9	25.00	0	7.85	0.30	23.62	0.41	26.92	0.55	30.22	0.69	33.52	0.86	36.82
10	25.30	0	7.95	0.30	23.72	0.41	27.02	0.55	30.32	0.70	33.62	0.87	36.91
11	27.20	0	8.55	0.31	24.32	0.43	27.61	0.57	30.91	0.72	34.21	0.89	37.51
12	28.00	0	8.79	0.32	24.57	0.43	27.87	0.58	31.16	0.73	34.46	0.90	37.76

续前

序号	管道外径(mm)	绝热层厚度(mm)											
		45		50		55		60		65		70	
		体积(m^3)	面积(m^2)	体积(m^3)	面积(m^2)	体积(m^3)	面积(m^2)	体积(m^3)	面积(m^2)	体积(m^3)	面积(m^2)	体积(m^3)	面积(m^2)
1	14.00	0.89	36.66	1.06	39.96	1.26	43.26	1.48	46.56	1.71	49.86	1.96	53.16
2	17.00	0.93	37.60	1.12	40.90	1.32	44.20	1.54	47.05	1.78	50.80	2.02	54.10
3	18.00	0.94	37.92	1.13	41.22	1.32	44.52	1.56	47.82	1.80	51.11	2.06	54.41
4	21.20	0.99	38.92	1.18	42.22	1.39	45.52	1.62	48.82	1.86	52.12	2.13	55.42
5	21.30	0.99	38.96	1.19	42.25	1.39	45.55	1.62	48.85	1.87	52.20	2.13	55.45
6	21.70	0.99	39.08	1.19	42.38	1.40	45.68	1.63	48.93	1.87	52.28	2.14	55.57
7	22.00	1.00	39.18	1.20	42.47	1.40	45.77	1.63	49.07	1.88	52.37	2.14	55.67
8	24.50	1.03	39.96	1.24	43.29	1.46	46.55	1.68	49.86	1.93	53.16	2.20	56.45
9	25.00	1.04	40.12	1.24	43.42	1.46	46.72	1.69	50.01	1.94	53.31	2.21	56.61
10	25.30	1.04	40.21	1.25	43.51	1.47	46.81	1.70	50.11	1.95	53.41	2.22	56.71
11	27.20	1.07	40.81	1.28	44.11	1.50	47.41	1.74	50.71	1.99	54.00	2.26	57.30
12	28.00	1.08	41.06	1.29	44.36	1.52	47.66	1.76	50.96	2.00	54.26	2.28	57.55

续前

序号	管道外径（mm）	绝热层厚度（mm）											
		0		20		25		30		35		40	
		体积（m^3）	面积（m^2）	体积（m^3）	面积（m^2）	体积（m^3）	面积（m^2）	体积（m^3）	面积（m^2）	体积（m^3）	面积（m^2）	体积（m^3）	面积（m^2）
13	28.30	0	8.89	0.32	24.66	0.43	27.96	0.58	31.26	0.73	34.56	0.90	37.86
14	30.40	0	9.55	0.33	25.32	0.45	28.62	0.60	31.92	0.75	35.22	0.93	38.52
15	30.50	0	9.56	0.33	25.35	0.45	28.65	0.60	31.95	0.75	35.25	0.93	38.55
16	31.30	0	9.83	0.34	25.60	0.46	28.90	0.61	32.20	0.76	35.50	0.94	38.80
17	32.00	0	10.10	0.34	25.82	0.46	29.12	0.61	32.42	0.77	35.72	0.96	39.02
18	33.70	0	10.59	0.35	26.36	0.49	29.66	0.63	32.96	0.80	36.25	0.97	39.55
19	34.00	0	10.68	0.35	26.45	0.49	29.75	0.63	33.05	0.80	36.35	0.98	39.65
20	35.30	0	11.09	0.36	26.86	0.50	30.16	0.64	33.46	0.82	36.76	0.99	40.06
21	37.00	0	11.62	0.37	27.39	0.51	30.69	0.66	33.99	0.83	37.29	1.01	40.59
22	37.30	0	11.72	0.37	27.49	0.52	30.79	0.66	34.09	0.84	37.38	1.02	40.68
23	38.00	0	11.93	0.38	27.71	0.52	31.01	0.67	34.31	0.85	37.60	1.03	40.90
24	41.30	0	12.97	0.40	28.75	0.55	32.04	0.70	35.34	0.88	38.64	1.07	41.94
25	45.00	0	14.13	0.41	29.91	0.58	33.21	0.74	36.51	0.92	39.80	1.12	43.10

续前

序号	管道外径 (mm)	绝热层厚度(mm)											
		45		50		55		60		65		70	
		体积 (m^3)	面积 (m^2)	体积 (m^3)	面积 (m^2)	体积 (m^3)	面积 (m^2)	体积 (m^3)	面积 (m^2)	体积 (m^3)	面积 (m^2)	体积 (m^3)	面积 (m^2)
13	28.30	1.09	41.15	1.30	44.45	1.52	47.75	1.76	51.05	2.01	54.35	2.28	57.65
14	30.40	1.13	41.82	1.33	45.11	1.56	48.41	1.80	51.71	2.06	55.01	2.33	58.31
15	30.50	1.13	41.85	1.33	45.14	1.56	48.44	1.80	51.74	2.06	55.04	2.33	58.34
16	31.30	1.14	42.10	1.34	45.40	1.57	48.69	1.82	51.99	2.08	55.29	2.36	58.59
17	32.00	1.14	42.32	1.35	45.62	1.58	48.91	1.83	52.21	2.09	55.51	2.38	58.81
18	33.70	1.17	42.85	1.38	46.15	1.61	49.45	1.86	52.75	2.13	56.05	2.42	59.34
19	34.00	1.18	42.95	1.39	46.24	1.62	49.54	1.87	52.84	2.14	56.14	2.42	59.44
20	35.30	1.20	43.35	1.42	46.65	1.64	49.95	1.89	53.24	2.16	56.55	2.45	59.85
21	37.00	1.22	43.89	1.44	47.19	1.67	50.49	1.93	53.78	2.20	57.08	2.48	60.38
22	37.30	1.22	43.98	1.45	47.28	1.68	50.58	1.93	53.88	2.20	57.18	2.49	60.70
23	38.00	1.23	44.20	1.46	47.50	1.69	50.80	1.94	54.10	2.20	57.40	2.52	60.70
24	41.30	1.28	45.21	1.51	48.54	1.70	51.84	2.01	55.13	2.28	58.43	2.58	61.73
25	45.00	1.33	46.40	1.57	49.70	1.82	53.00	2.09	56.30	2.37	59.60	2.65	62.89

续前

序号	管道外径(mm)	绝热层厚度(mm)									
		0		20		25		30		35	
		体积(m^3)	面积(m^2)	体积(m^3)	面积(m^2)	体积(m^3)	面积(m^2)	体积(m^3)	面积(m^2)	体积(m^3)	面积(m^2)
26	48.00	0	15.07	0.44	30.83	0.60	34.13	0.76	37.43	0.96	40.73
27	48.30	0	15.17	0.44	30.93	0.60	34.23	0.77	37.52	0.96	40.82
28	48.60	0	15.27	0.44	31.02	0.60	34.32	0.77	37.62	0.96	40.91
29	49.00	0	15.39	0.45	31.15	0.61	34.45	0.77	37.74	0.97	41.04
30	51.90	0	16.30	0.48	32.06	0.63	35.36	0.81	38.65	1.00	41.95
31	52.30	0	16.43	0.48	32.19	0.63	35.48	0.81	38.78	1.00	42.08
32	57.00	0	17.90	0.51	33.66	0.67	36.96	0.86	40.25	1.05	43.55
33	60.00	0	18.85	0.53	34.60	0.69	37.90	0.89	41.20	1.09	44.49
34	60.30	0	18.94	0.53	34.70	0.70	37.99	0.89	41.29	1.09	44.59
35	60.50	0	19.01	0.53	34.76	0.70	38.06	0.89	41.35	1.09	44.65
36	63.50	0	19.88	0.55	35.64	0.72	38.94	0.92	42.23	1.13	45.53
37	63.60	0	19.98	0.55	35.73	0.72	39.03	0.92	42.33	1.14	45.62

续前

序号	管道外径（mm）	绝热层厚度（mm）									
		40		45		50		55		60	
		体积（m^3）	面积（m^2）	体积（m^3）	面积（m^2）	体积（m^3）	面积（m^2）	体积（m^3）	面积（m^2）	体积（m^3）	面积（m^2）
26	48.00	1.16	44.02	1.38	47.32	1.46	50.62	1.87	53.91	2.14	57.21
27	48.30	1.17	44.12	1.38	47.41	1.62	50.71	1.88	54.01	2.15	57.31
28	48.60	1.17	44.21	1.38	47.51	1.62	50.81	1.88	54.10	2.15	57.40
29	49.00	1.17	44.34	1.39	47.63	1.63	50.93	1.88	54.23	2.16	57.52
30	51.90	1.21	45.25	1.44	48.54	1.68	51.84	1.94	55.14	2.22	58.44
31	52.30	1.22	45.37	1.45	48.67	1.68	51.97	1.94	55.26	2.22	58.56
32	57.00	1.27	46.86	1.51	50.15	1.77	53.44	2.04	56.74	2.31	60.04
33	60.00	1.31	47.79	1.55	51.09	1.81	54.38	2.09	57.68	2.38	60.98
34	60.30	1.32	47.89	1.56	51.18	1.82	54.48	2.09	57.78	2.38	61.07
35	60.50	1.32	47.95	1.56	51.24	1.82	54.54	2.10	57.84	2.39	61.14
36	63.50	1.35	48.83	1.60	52.12	1.86	55.42	2.14	58.72	2.44	62.02
37	63.60	1.36	48.92	1.61	52.22	1.87	55.52	2.15	58.81	2.45	62.11

续前

序号	管道外径（mm）	绝热层厚度（mm）											
		65		70		75		80		85		90	
		体积（m^3）	面积（m^2）	体积（m^3）	面积（m^2）	体积（m^3）	面积（m^2）	体积（m^3）	面积（m^2）	体积（m^3）	面积（m^2）	体积（m^3）	面积（m^2）
26	48.00	2.43	60.51	2.74	63.80	3.00	67.10	3.39	70.40	3.74	73.70	4.12	70.99
27	48.30	2.44	60.60	2.74	63.90	3.06	67.20	3.40	70.49	3.75	73.79	4.12	77.09
28	48.60	2.44	60.70	2.75	63.90	3.07	67.29	3.41	70.59	3.76	73.88	4.13	77.18
29	49.00	2.45	60.82	2.76	64.12	3.08	67.42	3.42	70.71	3.77	74.01	4.14	77.31
30	51.90	2.51	61.73	2.82	65.03	3.15	68.33	3.49	71.62	3.85	74.92	4.22	78.22
31	52.30	2.52	61.86	2.83	65.16	3.16	68.45	3.50	71.75	3.86	75.05	4.25	78.34
32	57.00	2.61	63.33	2.93	66.63	3.27	69.93	3.63	73.22	3.99	76.52	4.38	79.82
33	60.00	2.69	64.28	3.01	67.57	3.35	70.87	3.70	74.17	4.07	77.46	4.46	80.76
34	60.30	2.69	64.37	3.01	67.67	3.35	70.96	3.71	74.26	4.08	77.56	4.47	80.86
35	60.50	2.70	64.43	3.02	67.73	3.36	71.03	3.72	74.32	4.13	77.62	4.48	80.92
36	63.50	2.75	65.31	3.08	68.61	3.43	71.91	3.79	75.20	4.16	78.50	4.57	81.80
37	63.60	2.76	65.41	3.09	68.70	3.43	72.00	3.79	75.30	4.17	78.59	4.57	81.89

续前

序号	管道外径(mm)	绝热层厚度(mm)									
		0		20		25		30		35	
		体积(m^3)	面积(m^2)	体积(m^3)	面积(m^2)	体积(m^3)	面积(m^2)	体积(m^3)	面积(m^2)	体积(m^3)	面积(m^2)
38	63.80	0	20.04	0.55	35.80	0.72	39.09	0.92	42.39	1.14	45.69
39	73.00	0	22.92	0.61	38.68	0.81	41.98	1.01	45.28	1.24	48.58
40	76.00	0	23.86	0.63	39.63	0.83	42.92	1.04	46.22	1.27	49.52
41	76.30	0	23.97	0.63	39.72	0.83	43.02	1.04	46.33	1.28	49.61
42	89.00	0	27.95	0.71	43.71	0.98	47.01	1.17	50.30	1.43	53.60
43	89.10	0	27.99	0.71	43.74	0.93	47.04	1.17	50.33	1.43	53.63
44	94.00	0	29.53	0.74	45.28	0.97	48.58	1.22	51.87	1.48	55.17
45	108.00	0	33.91	0.84	49.67	1.08	52.97	1.35	56.27	1.63	59.57
46	108.40	0	34.05	0.84	49.80	1.08	53.10	1.35	56.39	1.64	59.69
47	114.00	0	35.80	0.88	51.56	1.14	54.86	1.42	58.15	1.70	61.54
48	114.30	0	35.91	0.88	51.65	1.14	54.95	1.42	58.25	1.70	61.54
49	117.00	0	36.76	0.89	52.50	1.16	55.80	1.44	59.09	1.74	62.39
50	118.60	0	37.20	0.90	53.00	1.20	56.30	1.46	59.60	1.76	62.89

续前

序号	管道外径 (mm)	绝热层厚度（mm）									
		40		45		50		55		60	
		体积 (m^3)	面积 (m^2)	体积 (m^3)	面积 (m^2)	体积 (m^3)	面积 (m^2)	体积 (m^3)	面积 (m^2)	体积 (m^3)	面积 (m^2)
38	63.80	1.36	48.98	1.61	52.28	1.87	55.58	2.15	58.88	2.45	62.17
39	73.00	1.49	51.87	1.75	55.17	2.02	58.47	2.31	61.76	2.62	65.06
40	76.00	1.52	52.81	1.79	56.11	2.07	59.41	2.37	62.71	2.69	66.00
41	76.30	1.53	52.92	1.79	56.21	2.08	59.50	2.38	62.80	2.69	66.10
42	89.00	1.69	56.90	1.97	60.19	2.28	63.49	2.60	66.79	2.93	70.08
43	89.10	1.69	56.93	1.98	60.23	2.28	63.52	2.60	66.82	2.94	70.12
44	94.00	1.76	58.47	2.06	61.76	2.37	65.06	2.69	68.36	3.04	71.65
45	108.00	1.94	62.86	2.25	66.16	2.57	69.46	2.94	72.75	3.31	76.05
46	108.40	1.94	62.99	2.26	66.29	2.59	69.58	2.94	72.88	3.32	76.18
47	114.00	2.01	64.75	2.34	68.04	2.69	71.34	3.05	74.64	3.43	77.93
48	114.30	2.01	64.84	2.34	68.14	2.70	71.44	3.06	74.73	3.43	78.03
49	117.00	2.06	65.69	2.39	68.99	2.74	72.28	3.10	75.58	3.48	78.88
50	118.60	2.08	66.19	2.41	69.49	2.76	72.79	3.13	76.08	3.51	79.38

续前

序号	管道外径(mm)	绝热层厚度(mm)											
		65		70		75		80		85		90	
		体积(m^3)	面积(m^2)	体积(m^3)	面积(m^2)	体积(m^3)	面积(m^2)	体积(m^3)	面积(m^2)	体积(m^3)	面积(m^2)	体积(m^3)	面积(m^2)
38	63.80	2.76	65.57	3.09	68.77	3.44	72.06	3.80	75.36	4.18	78.66	4.58	81.95
39	73.00	2.95	68.36	3.30	71.65	3.66	74.95	4.04	78.25	4.43	81.55	4.84	84.84
40	76.00	3.02	69.30	3.37	72.60	3.73	75.89	4.12	79.19	4.51	82.49	4.94	85.78
41	76.30	3.03	69.39	3.38	72.69	3.74	75.99	4.12	79.29	4.52	82.58	4.94	85.88
42	89.00	3.30	73.38	3.68	76.68	4.05	79.96	4.45	83.27	4.88	86.57	5.31	89.97
43	89.10	3.30	73.41	3.68	76.71	4.05	80.01	4.45	83.30	4.88	86.60	5.32	89.99
44	94.00	3.40	74.95	3.78	78.25	4.17	81.55	4.59	84.84	5.01	88.14	5.45	91.44
45	108.00	3.69	79.35	4.09	82.64	4.51	85.94	4.95	89.24	5.40	92.54	5.87	95.83
46	108.40	3.70	79.47	4.10	82.77	4.52	86.07	4.96	89.36	5.41	92.66	5.88	95.95
47	114.00	3.82	81.23	4.24	84.53	4.66	87.83	5.10	91.12	5.57	94.42	6.04	97.72
48	114.30	3.82	81.33	4.24	84.62	4.67	87.92	5.11	91.22	5.57	94.51	6.05	97.81
49	117.00	3.88	82.17	4.30	85.47	4.73	88.77	5.18	92.06	5.65	95.36	6.13	98.66
50	118.60	3.92	82.68	4.34	85.97	4.77	89.27	5.23	92.57	5.68	95.86	6.18	99.16

续前

序号	管道外径 (mm)	绝热层厚度（mm）											
		0		20		25		30		35		40	
		体积 (m^3)	面积 (m^2)	体积 (m^3)	面积 (m^2)	体积 (m^3)	面积 (m^2)	体积 (m^3)	面积 (m^2)	体积 (m^3)	面积 (m^2)	体积 (m^3)	面积 (m^2)
51	133.00	0	48.10	1.00	57.52	1.29	60.82	1.59	64.12	1.92	68.04	2.26	70.71
52	149.00	0	48.82	1.11	62.58	1.42	65.88	1.76	69.17	2.11	72.47	2.47	75.77
53	159.00	0	50.00	1.17	65.69	1.50	68.99	1.85	72.28	2.21	75.58	2.60	78.88
54	165.00	0	51.81	1.21	67.57	1.55	70.87	1.91	74.17	2.28	77.46	2.68	80.76
55	165.00	0	51.87	1.21	67.64	1.55	70.93	1.91	74.23	2.28	77.53	2.68	80.82
56	168.00	0	52.75	1.22	68.51	1.57	71.81	1.93	75.11	2.31	78.41	2.72	81.70
57	174.30	0	54.73	1.26	70.49	1.62	73.79	1.99	77.09	2.39	80.38	2.80	83.68
58	180.00	0	56.52	1.30	72.28	1.67	75.58	2.04	78.88	2.46	82.17	2.87	85.47
59	216.00	0	67.82	1.54	83.59	1.96	86.88	2.41	90.18	2.86	93.48	3.34	96.77
60	216.30	0	67.92	1.54	83.68	1.96	86.98	2.41	90.78	2.86	93.57	3.34	96.87
61	219.00	0	68.80	1.56	84.53	1.98	87.82	2.43	91.12	2.89	94.42	3.38	97.72
62	225.20	0	70.71	1.59	86.48	2.04	89.77	2.49	93.07	2.96	96.37	3.46	99.66
63	240.00	0	75.36	1.69	91.12	2.16	94.42	2.63	97.72	3.13	101.01	3.65	104.31
64	273.00	0	85.80	1.90	101.48	2.43	104.78	2.95	108.08	3.51	111.38	4.08	114.67
65	275.20	0	86.41	1.92	102.18	2.44	105.47	2.98	108.77	3.53	112.00	4.11	115.36
66	276.40	0	86.79	1.93	102.55	2.45	105.85	3.00	109.15	3.54	112.44	4.12	115.74

续前

序号	管道外径(mm)	绝热层厚度(mm)											
		45		50		55		60		65		70	
		体积(m^3)	面积(m^2)	体积(m^3)	面积(m^2)	体积(m^3)	面积(m^2)	体积(m^3)	面积(m^2)	体积(m^3)	面积(m^2)	体积(m^3)	面积(m^2)
51	133.00	2.62	74.01	3.00	77.31	3.39	80.60	3.79	83.90	4.21	87.20	4.66	90.49
52	149.00	2.85	79.07	3.25	82.36	3.68	85.66	4.11	88.96	4.56	92.25	5.03	95.55
53	159.00	3.00	82.17	3.42	85.47	3.85	88.77	4.30	92.06	4.77	95.36	5.25	98.66
54	165.00	3.09	84.06	3.51	87.35	3.96	90.65	4.42	93.95	4.90	97.25	5.39	100.54
55	165.20	3.09	84.12	3.51	87.42	3.96	90.76	4.42	94.01	4.90	97.31	5.39	100.61
56	168.00	3.13	85.00	3.56	88.30	4.01	91.59	4.47	94.89	4.96	98.19	5.45	101.48
57	174.30	3.22	86.98	3.67	90.28	4.12	93.57	4.60	96.87	5.09	100.17	5.60	103.46
58	180.00	3.31	88.77	3.76	92.06	4.22	95.36	4.71	98.66	5.21	101.96	5.73	105.25
59	216.00	3.83	100.07	4.34	103.37	4.87	106.67	5.41	109.96	5.97	113.26	6.55	116.56
60	216.30	3.83	100.17	4.34	103.46	4.88	106.76	5.41	110.06	5.98	113.35	6.55	116.65
61	219.00	3.87	101.01	4.39	104.31	4.92	107.61	5.46	110.90	6.03	114.20	6.61	117.50
62	225.20	3.97	102.96	4.48	106.26	5.03	109.55	5.59	112.85	6.17	116.15	6.76	119.45
63	240.00	4.18	107.61	4.73	110.90	5.30	114.20	5.89	117.50	6.48	120.80	7.09	124.09
64	273.00	4.66	117.97	5.27	121.27	5.89	124.56	6.52	127.86	7.17	131.16	7.84	134.45
65	275.20	4.70	118.66	5.30	121.96	5.92	125.25	6.56	128.55	7.22	131.85	7.89	135.15
66	276.40	4.71	119.04	5.32	122.33	5.94	125.63	6.59	128.90	7.24	132.23	7.91	135.52

续前

序号	管道外径(mm)	绝热层厚度(mm)													
		75		80		85		90		95		100		110	
		体积(m^3)	面积(m^2)	体积(m^3)	面积(m^2)	体积(m^3)	面积(m^2)	体积(m^3)	面积(m^2)	体积(m^3)	面积(m^2)	体积(m^3)	面积(m^2)	体积(m^3)	面积(m^2)
51	133.00	5.06	93.79	5.60	97.09	6.08	100.39	6.60	103.68	7.12	106.98	7.66	110.37	8.80	116.87
52	149.00	5.52	98.85	6.01	102.14	6.53	105.44	7.07	108.74	7.62	112.04	8.19	115.43	9.37	121.93
53	159.00	5.75	101.96	6.27	105.25	6.81	108.55	7.35	111.85	7.86	115.14	8.51	118.54	9.64	125.03
54	165.00	5.90	103.84	6.43	107.14	6.97	110.43	7.53	113.73	8.11	117.03	8.63	120.42	9.94	126.92
55	165.20	5.90	103.90	6.44	107.80	6.97	110.50	7.54	113.79	8.12	117.09	8.71	120.48	9.95	126.98
56	168.00	5.97	104.75	6.50	109.08	7.06	111.38	7.62	114.67	8.20	117.97	8.80	121.36	10.05	127.86
57	174.30	6.13	106.76	6.66	110.06	7.23	113.35	7.80	116.65	8.39	119.95	9.01	123.34	10.28	129.84
58	180.00	6.26	108.55	6.82	111.85	7.39	115.14	7.96	118.44	8.57	121.74	9.19	125.13	10.47	131.63
59	216.00	7.14	119.85	7.75	123.15	8.38	126.45	9.02	129.74	9.68	133.04	10.36	136.43	11.77	142.93
60	216.30	7.15	119.95	7.76	123.25	8.39	126.54	9.03	129.84	9.69	133.14	10.37	136.53	11.78	143.66
61	219.00	7.21	120.80	7.83	124.09	8.46	127.39	9.11	130.69	9.77	133.98	10.45	137.38	11.87	145.13
62	225.20	7.37	122.74	7.99	126.04	8.63	129.34	9.29	132.63	9.97	135.93	10.65	139.32	12.09	145.82
63	240.00	7.73	127.39	8.37	130.69	9.04	133.98	9.72	137.28	10.42	140.58	11.14	143.97	12.61	150.47
64	273.00	8.52	137.75	9.22	141.05	9.95	144.35	10.68	147.64	11.44	150.94	12.21	154.33	13.79	160.83
65	275.20	8.58	138.44	9.29	141.74	10.01	145.04	10.74	148.33	11.51	151.63	12.29	155.02	13.87	161.52
66	276.40	8.60	138.82	9.32	142.12	10.04	145.41	10.78	148.71	11.54	152.01	12.31	155.40	13.91	161.90

续前

序号	管道外径 (mm)	绝热层厚度 (mm) 0 体积 (m^3)	0 面积 (m^2)	20 体积 (m^3)	20 面积 (m^2)	25 体积 (m^3)	25 面积 (m^2)	30 体积 (m^3)	30 面积 (m^2)	35 体积 (m^3)	35 面积 (m^2)	40 体积 (m^3)	40 面积 (m^2)
67	286.30	0	89.90	1.99	101.66	2.53	108.96	3.09	112.26	3.66	115.55	4.25	118.85
68	299.00	0	93.89	2.08	109.65	2.63	112.05	3.21	116.24	3.80	119.54	4.41	122.84
69	316.30	0	99.32	2.19	115.08	2.78	118.38	3.38	121.68	4.00	124.97	4.64	128.27
70	318.00	0	99.85	2.20	115.61	2.79	118.91	3.40	122.21	4.02	125.51	4.66	128.80
71	318.50	0	100.81	2.20	115.77	2.79	119.07	3.40	122.37	4.03	125.66	4.67	128.96
72	325.00	0	102.01	2.24	117.81	2.84	121.11	3.46	124.41	4.10	127.71	4.75	131.00
73	351.00	0	110.21	2.41	125.98	3.06	129.27	3.72	132.57	4.39	135.87	5.09	139.16
74	355.60	0	111.66	2.44	127.42	3.09	130.84	3.76	134.02	4.45	137.31	5.15	140.67
75	366.30	0	115.02	2.51	130.00	3.18	134.08	3.86	137.38	4.57	149.67	5.29	143.97
76	366.70	0	115.20	2.51	130.97	3.18	134.27	3.87	137.57	4.58	140.87	5.30	144.17
77	377.00	0	118.40	2.58	134.21	3.26	137.51	3.98	140.81	4.69	144.10	5.43	147.40
78	398.10	0	125.07	2.72	140.84	3.44	144.14	4.17	147.43	4.93	150.73	5.70	154.03
79	398.50	0	125.10	2.72	140.96	3.44	144.26	4.18	147.56	4.94	150.86	5.71	154.15
80	426.00	0	133.80	2.90	149.60	3.67	152.90	4.45	156.20	5.25	159.50	6.06	162.80
81	435.60	0	136.85	2.96	152.62	3.74	155.92	4.55	159.22	5.36	162.51	6.19	165.81
82	478.00	0	150.20	3.23	165.94	4.09	169.24	4.96	172.54	5.84	175.83	6.75	179.13

续前

序号	管道外径（mm）	绝热层厚度（mm） 45 体积（m^3）	45 面积（m^2）	50 体积（m^3）	50 面积（m^2）	55 体积（m^3）	55 面积（m^2）	60 体积（m^3）	60 面积（m^2）	65 体积（m^3）	65 面积（m^2）	70 体积（m^3）	70 面积（m^2）
67	286.30	4.86	122.15	5.49	125.44	6.13	128.74	6.78	132.04	7.45	135.33	8.14	138.63
68	299.00	5.04	126.13	5.69	129.43	6.34	132.73	7.02	136.02	7.72	139.32	8.43	142.62
69	316.30	5.30	131.57	5.97	134.00	6.65	138.16	7.37	141.46	8.09	144.75	8.82	1348.05
70	318.00	5.32	132.10	5.99	135.40	6.68	138.69	7.40	141.99	8.12	145.29	8.86	148.58
71	318.50	5.33	132.26	6.00	135.55	6.69	138.85	7.41	142.15	8.13	145.44	8.87	148.74
72	325.00	5.42	134.30	6.11	137.59	6.81	140.89	7.53	144.19	8.26	147.49	9.02	150.78
73	351.00	5.81	142.46	6.53	145.76	7.27	149.06	8.04	152.35	8.81	155.65	9.61	158.95
74	355.60	5.87	143.91	6.60	147.20	7.35	150.50	8.13	153.80	8.91	157.09	9.72	160.39
75	366.30	6.02	147.27	6.78	150.56	7.55	153.86	8.34	157.16	9.14	160.45	9.96	163.75
76	366.70	6.03	150.70	6.79	150.77	7.56	154.06	8.35	157.36	9.15	160.66	9.97	163.96
77	377.00	6.19	157.33	6.95	154.00	7.75	157.30	8.54	160.60	9.37	163.89	10.21	167.20
78	398.10	6.49	157.46	7.29	160.63	8.12	163.93	8.96	167.23	9.81	170.53	10.68	173.82
79	398.50	6.50	166.10	7.30	160.76	8.13	164.05	8.97	167.67	9.82	170.65	10.69	173.95
80	426.00	6.90	166.10	7.75	169.39	8.62	172.69	9.57	175.99	10.40	179.29	11.32	182.59
81	435.60	6.90	182.43	7.75	169.39	8.79	175.71	9.69	179.01	19.61	182.31	11.54	185.61
82	478.00	7.65	169.24	8.59	185.73	9.54	189.02	10.52	192.33	11.50	195.63	12.50	198.93

续前

序号	管道外径(mm)	绝热层厚度(mm)													
		75		80		85		90		95		100		110	
		体积(m^3)	面积(m^2)	体积(m^3)	面积(m^2)	体积(m^3)	面积(m^2)	体积(m^3)	面积(m^2)	体积(m^3)	面积(m^2)	体积(m^3)	面积(m^2)	体积(m^3)	面积(m^2)
67	286.30	8.85	141.93	9.58	145.23	10.31	148.52	11.07	151.82	11.85	155.12	12.63	158.51	14.27	165.01
68	299.00	9.16	145.92	9.91	149.21	10.66	152.51	11.45	155.81	12.24	159.10	13.05	162.50	14.72	168.99
69	316.30	9.58	151.35	10.35	154.65	11.14	157.94	11.95	161.24	12.77	164.54	13.61	167.93	15.34	174.43
70	318.00	9.62	151.88	10.39	155.18	11.19	158.48	11.99	161.77	12.82	165.07	13.67	168.46	15.40	174.96
71	318.50	9.64	152.04	10.41	155.34	11.20	158.63	12.03	161.93	12.84	165.23	13.68	168.62	15.42	175.12
72	325.00	9.79	154.08	10.58	157.38	11.38	160.67	12.20	163.97	13.04	167.27	13.89	170.66	15.65	177.16
73	351.00	10.48	162.24	11.25	165.54	12.10	168.84	12.96	172.13	13.84	175.43	14.74	178.82	16.58	185.32
74	355.60	10.54	163.19	11.37	166.99	12.22	170.28	13.10	173.58	13.98	176.88	14.89	180.27	16.74	187.40
75	366.30	10.79	167.05	11.62	170.35	12.52	173.64	13.40	176.94	14.32	180.24	15.22	183.63	17.13	190.13
76	366.70	10.82	167.26	11.65	170.56	12.54	173.86	13.43	177.15	15.26	183.85	16.19	187.05	17.15	190.35
77	377.00	11.06	170.49	11.93	173.79	12.82	177.09	13.73	180.39	15.59	187.08	16.54	190.29	17.51	193.58
78	398.10	11.58	177.12	12.48	180.42	13.41	183.72	14.34	187.01	16.27	193.71	17.26	196.92	18.26	200.21
79	398.50	11.58	177.24	12.49	180.55	13.42	183.84	14.36	187.14	16.28	193.84	17.27	197.04	18.28	200.34
80	426.00	12.25	185.89	13.20	189.19	14.17	192.49	15.15	195.78	17.18	202.48	18.21	205.68	19.27	208.98
81	435.60	13.33	188.90	13.45	192.20	14.44	195.50	15.43	198.90	17.49	205.49	18.54	208.70	19.61	211.99
82	478.00	13.52	202.22	14.55	205.52	15.61	208.82	16.67	212.12	18.86	218.81	19.99	222.02	21.12	225.32

续前

序号	管道外径 (mm)	绝热层厚度（mm）											
		0		20		25		30		35		40	
		体积 (m^3)	面积 (m^2)	体积 (m^3)	面积 (m^2)	体积 (m^3)	面积 (m^2)	体积 (m^3)	面积 (m^2)	体积 (m^3)	面积 (m^2)	体积 (m^3)	面积 (m^2)
83	525.60	0	165.12	3.54	180.89	4.47	184.19	5.42	187.00	6.38	190.79	7.35	194.09
84	529.00	0	166.20	3.56	181.96	4.50	185.26	5.45	188.56	6.41	191.86	7.41	195.16
85	630.00	0	197.70	4.22	213.69	5.32	216.99	6.44	220.29	7.56	223.59	8.72	226.89
86	660.40	0	207.40	4.42	223.24	5.57	226.51	6.74	229.84	7.91	233.14	9.11	236.44
87	720.00	0	226.20	4.80	241.91	6.05	245.26	7.31	248.56	8.58	251.86	9.89	255.16
88	726.00	0	228.08	4.84	243.85	6.09	247.15	7.37	250.45	8.66	253.75	9.96	257.05
89	820.00	0	257.60	5.45	273.38	6.86	276.68	8.28	279.92	9.72	283.28	10.66	286.58
90	920.00	0	289.03	6.11	304.83	7.68	308.10	9.26	311.34	10.86	314.69	12.48	317.99
91	1020.00	0	320.44	6.76	336.21	8.48	339.51	10.24	342.81	11.99	346.11	13.82	349.41
92	1222.00	0	383.27	8.07	399.67	10.12	402.97	12.20	406.27	14.29	409.57	16.40	412.87

续前

序号	管道外径（mm）	绝热层厚度（mm）											
		45		50		55		60		65		70	
		体积（m^3）	面积（m^2）	体积（m^3）	面积（m^2）	体积（m^3）	面积（m^2）	体积（m^3）	面积（m^2）	体积（m^3）	面积（m^2）	体积（m^3）	面积（m^2）
83	525.60	8.36	197.39	9.37	200.68	10.39	203.98	11.45	207.28	12.50	210.58	13.58	213.88
84	529.00	8.41	198.45	9.42	201.75	10.45	205.05	11.51	223.03	12.57	211.65	13.66	214.95
85	630.00	9.88	230.18	11.06	233.43	12.26	236.78	13.47	240.08	14.71	243.38	15.95	246.68
86	660.40	10.32	239.73	11.47	243.03	12.80	246.33	14.06	249.63	15.34	252.93	16.64	256.23
87	720.00	11.20	258.46	12.52	261.76	13.86	265.06	15.23	268.35	16.60	271.65	17.99	274.95
88	726.00	11.28	260.34	12.62	263.64	13.98	266.94	15.34	270.24	16.72	273.54	18.14	276.84
89	820.00	12.65	289.87	14.14	293.17	15.65	296.47	17.17	299.77	18.72	303.06	20.17	306.37
90	920.00	14.11	321.29	15.76	324.58	17.44	327.88	19.12	331.19	20.83	334.49	22.54	337.78
91	1020.00	15.58	352.71	17.39	356.01	19.22	359.30	21.06	362.60	22.93	365.90	24.81	369.20
92	1222.00	18.52	416.17	20.66	419.47	22.83	422.76	25.00	426.06	27.19	429.36	29.40	432.66

续前

序号	管道外径（mm）	绝热层厚度（mm）													
		75		80		85		90		95		100		110	
		体积（m^3）	面积（m^2）	体积（m^3）	面积（m^2）	体积（m^3）	面积（m^2）	体积（m^3）	面积（m^2）	体积（m^3）	面积（m^2）	体积（m^3）	面积（m^2）	体积（m^3）	面积（m^2）
83	525.60	14.68	217.18	15.79	220.48	16.92	223.78	18.07	227.07	20.41	233.77	21.61	236.97	22.82	240.27
84	529.00	14.76	218.25	15.88	221.55	17.01	224.84	18.17	228.14	20.52	234.83	21.72	238.04	22.94	241.34
85	630.00	17.22	249.98	18.50	253.28	19.80	256.57	21.11	259.87	23.80	266.56	25.16	269.77	26.55	273.07
86	660.40	17.95	259.53	19.29	262.83	20.64	266.12	22.00	269.42	24.78	276.11	26.20	279.32	27.63	282.02
87	720.00	19.41	278.25	20.77	281.55	22.28	284.85	23.75	288.15	26.71	294.84	28.23	298.04	29.76	301.34
88	726.00	19.55	280.14	20.99	283.43	22.48	286.73	23.92	290.03	26.91	296.12	28.43	299.92	29.98	303.23
89	820.00	21.85	309.67	23.44	312.97	25.04	316.26	26.66	319.56	29.97	326.25	31.64	329.46	33.32	332.76
90	920.00	24.28	341.08	26.03	344.38	27.80	347.68	29.59	350.98	33.21	357.67	35.05	360.87	36.90	364.11
91	1020.00	26.71	372.50	28.26	375.80	30.56	379.10	32.45	382.39	36.45	389.09	38.45	392.29	40.47	395.59
92	1222.00	31.63	435.96	33.86	439.26	36.13	442.56	38.36	445.85	43.01	452.55	45.34	455.75	47.68	459.05

注：如因设计要求和各地区的施工条件不同，所有的固化剂、稀释剂、增塑剂和填料的品种和配合比不同时，可以按本表各种水玻璃和树脂耗用量为基数进行换算调整。

此表按下式计算：1.体积 $V(m^3)=100\times\pi\times(D+\delta+\delta\times3.3\%)\times(\delta+\delta\times3.3\%)$

2.面积 $S(m^2)=100\times\pi\times(D+2\delta+2\delta\times5\%\times2d_1+3d_2)$

式中：

D——钢管外径；

δ——保温层厚度；

d_1——用于捆扎保温材料的金属线直径或钢带厚度（取定16#线，$2d_1=0.0032$）；

d_2——防潮层厚度（取定350g油毡纸，$3d_2=0.005$）；

3.3%、5%——保温材料允许超厚系数，系根据现行国家标准《工业金属管道工程施工规范》GB 50235-2010和现行行业标准《绝热工程施工及验收技术规范》HGJ 215-80；

绝热厚度允许偏差——≤5%～8%加权平均取定。

附录十二 主要材料施工损耗及实际用量表

瓦块板材、材料的施工损耗及实际用量表 **单位**：m^3

序号	保温项目		材料名称	材料单位	理论用量	损耗率（%）	损耗量	实际用量
1	保温瓦块安装	管道	保温瓦块	m^3	1	8	0.08	1.08
		设备	保湿瓦块	m^3	1	5	0.05	1.05
2	微孔硅酸钙板材、瓦块安装	管道	微孔硅酸钙	m^3	1	5	0.05	1.05
		设备	微孔硅酸钙	m^3	1	5	0.05	1.05
3	聚苯乙烯泡沫塑料板块、瓦块	管道	聚苯乙烯泡沫塑料瓦	m^3	1	2	0.02	1.02
		设备	聚苯乙烯泡沫塑料板	m^3	1	20	0.20	1.20
		风道	聚苯乙烯泡沫塑料板	m^3	1	6	0.06	1.06
4	泡沫玻璃板材、瓦块	管道	泡沫玻璃	m^3	1	(8~15瓦块) (20板)	(0.08~0.15) (0.02)	(1.08~1.15) 1.02
		设备	泡沫玻璃	m^3	1	8瓦块/20板	0.08/0.20	1.08/1.20
5	聚氨酯泡沫板材、瓦块	管道	聚氨酯泡沫	m^3	1	3瓦块/20板	0.03/0.20	1.03/1.20
		设备	聚氨酯泡沫	m^3	1	3瓦块/20板	0.03/0.20	1.03/1.20
6	软木瓦块	管道	软木瓦	m^3	1	3	0.03	1.03
		设备	软木瓦	m^3	1	12	0.12	1.12
		风道	软木瓦	m^3	1	6	0.06	1.06
7	岩棉瓦块、板材	管道	岩棉瓦块	m^3	1	3	0.03	1.03
		设备	岩板	m^3	1	3	0.03	1.03
8	矿棉瓦块、矿棉席安装	管道	矿棉瓦块	m^3	1	3	0.03	1.03
		设备	矿棉席	m^3	1	2	0.02	1.02
9	玻璃棉毡	管道	玻璃棉毡	kg	150	5	7.50	157.50
		设备	玻璃棉毡	kg	150	3	4.50	154.50
10	超细玻璃棉毡	管道	超细玻璃棉毡	kg	57	4.5	3.00	60.00
		设备	超细玻璃棉毡	kg	57	4.5	3.00	60.00
11	牛毛毡	管道	牛毛毡	kg	153	4	6.10	159.10
		设备	牛毛毡	kg	153	3	4.60	157.60

2.保护层材料施工损耗及实际用量表

单位：10m²

序号	保温项目		材料名称	单位	理论用量	损耗率（%）	损耗量	实际用量
1	麻刀白灰（管道）	10mm	麻刀	kg	5.16	6	0.31	5.47
			白灰	kg	154.84	6	9.29	164.13
		15mm	麻刀	kg	7.74	6	0.46	8.20
			白灰	kg	232.27	6	13.94	246.21
		20mm	麻刀	kg	10.32	6	0.62	10.94
			白灰	kg	309.70	6	18.58	328.28
2	麻刀白灰（设备）	10mm	麻刀	kg	5.16	3	0.15	5.31
			白灰	kg	154.84	3	4.66	159.50
		15mm	麻刀	kg	7.74	3	0.23	7.97
			白灰	kg	232.27	3	6.97	239.24
		20mm	麻刀	kg	10.32	3	0.31	10.63
			白灰	kg	309.70	3	9.29	318.99
3	石棉灰麻刀水泥（管道）	10mm	石棉灰Ⅵ级	kg	24.70	6	1.48	26.18
			麻刀	kg	3.80	6	0.23	4.03
			水泥32.5级	kg	161.50	6	9.69	171.19
		15mm	石棉灰Ⅵ级	kg	37.05	6	2.22	39.27
			麻刀	kg	5.70	6	0.34	6.04
			水泥32.5级	kg	242.25	6	14.54	256.79
		20mm	石棉灰Ⅵ级	kg	49.40	6	2.96	52.36
			麻刀	kg	7.60	6	0.46	8.06
			水泥32.5级	kg	323.00	6	19.38	342.38

续前

序号	保温项目		材料名称	单位	理论用量	损耗率（%）	损耗量	实际用量
4	石棉灰麻刀水泥（设备）	10mm	石棉灰Ⅵ级	kg	24.70	3	0.74	25.44
			麻刀	kg	3.80	3	0.11	3.91
			水泥32.5级	kg	161.50	3	4.85	166.35
		15mm	石棉灰Ⅵ级	kg	37.05	3	1.11	38.16
			麻刀	kg	5.70	3	0.17	5.87
			水泥32.5级	kg	242.25	3	7.27	249.52
		20mm	石棉灰Ⅵ级	kg	49.40	3	1.48	50.88
			麻刀	kg	7.60	3	0.23	7.83
			水泥32.5级	kg	323.00	3	9.69	332.69
5	缠玻璃布	管道	玻璃布	m^2	13.15	6.42	0.85	14.00
6	缠塑料布	管道	塑料布	m^2	13.15	6.42	0.85	14.00
7	包油毡纸	管道	油毡纸350g	m^2	13.00	7.65	1.00	14.00
		设备	油毡纸350g	m^2	13.00	7.65	1.00	14.00
8	包薄钢板	管道	薄钢板 2000×1000～900×1800	m^2	11.39	5.32	0.61	12.00
		设备	薄钢板 2000×1000～900×1800	m^2	11.39	5.32	0.61	12.00
9	包钢丝网	管道	钢丝网	m^2	11.44	5.00	0.57	12.01
		设备	钢丝网	m^2	10.95	5.00	0.55	11.50

耐酸砖、板、耐酸胶泥材料施工损耗及实际用量表

序号	砖、板规格（mm）	衬厚	衬砌面积（m^2）	耐酸砖板			耐酸胶泥		
				理论用量（块）	损耗率（%）	总用量（块）	理论用量（m^3）	损耗率（%）	总用量（m^3）
1	230×113×65	230mm	10	1298	4.0	1350	0.198	5	0.208
2	230×113×65	113mm	10	644	4.0	670	0.134	5	0.141
3	230×113×65	65mm	10	375	4.0	390	0.107	5	0.112
4	180×110×30	一层	10	491	6.0	521	0.099	5	0.104
5	180×110×25	一层	10	491	6.0	521	0.097	5	0.102
6	180×110×20	一层	10	491	6.0	521	0.096	5	0.101
7	150×150×30	一层	10	433	6.0	459	0.098	5	0.103
8	150×150×25	一层	10	433	6.0	459	0.097	5	0.102
9	150×150×20	一层	10	433	6.0	459	0.095	5	0.100
10	150×75×20	一层	10	855	6.6	912	0.098	5	0.103
11	150×75×15	一层	10	855	6.6	912	0.096	5	0.101
12	150×75×10	一层	10	914	6.6	974	0.094	5	0.099